交通运输行业高层次人才培养项目著作书系

我国沿海港口集装箱运输发展趋势及增长机理研究

冯　云　靳廉洁　著

内 容 提 要

本书为“交通运输厅高层次人才培养项目著作书系”中的一本，主要介绍了我国沿海港口集装箱运输发展趋势及增长机理。

本书分为三部分内容：集装箱运输发展现状、集装箱吞吐量增长机理、集装箱吞吐量预测。首先论述了全球集装箱海运量和吞吐量、我国沿海集装箱海运量和吞吐量、沿海分区域集装箱吞吐量；其次论述了集装箱生成量、集装箱生成量和吞吐量的增长机理；最后论述了国际经验与启示、未来发展趋势展望，并以附录的形式介绍了国内外集装箱吞吐量的发展情况。

本书可供从事水运工程、海洋工程、桩基工程工作的设计科研人员及高等院校相关专业师生使用。

图书在版编目(CIP)数据

我国沿海港口集装箱运输发展趋势及增长机理研究 / 冯云，靳廉洁著. — 北京 ：人民交通出版社股份有限公司，2017.12

(交通运输行业高层次人才培养项目著作书系)

ISBN 978-7-114-14234-5

Ⅰ. ①我… Ⅱ. ①冯… ②靳… Ⅲ. ①海港—集装箱运输—交通运输发展—研究—中国 Ⅳ. ①F552.3

中国版本图书馆 CIP 数据核字(2017)第 240989 号

交通运输行业高层次人才培养项目著作书系

书　　名：我国沿海港口集装箱运输发展趋势及增长机理研究
著 作 者：冯　云　靳廉洁
责任编辑：牛家鸣　王景景
出版发行：人民交通出版社股份有限公司
地　　址：(100011)北京市朝阳区安定门外外馆斜街 3 号
网　　址：http://www.ccpress.com.cn
销售电话：(010)59757973
总 经 销：人民交通出版社股份有限公司发行部
经　　销：各地新华书店
印　　刷：北京市密东印刷有限公司
开　　本：787×1092　1/16
印　　张：8.5
字　　数：182 千
版　　次：2018 年 3 月　第 1 版
印　　次：2018 年 3 月　第 1 次印刷
书　　号：ISBN 978-7-114-14234-5
定　　价：50.00 元

书系前言

Preface of Series

进入21世纪以来,党中央、国务院高度重视人才工作,提出人才资源是第一资源的战略思想,先后两次召开全国人才工作会议,围绕人才强国战略实施做出一系列重大决策部署。党的十八大着眼于全面建成小康社会的奋斗目标,提出要进一步深入实践人才强国战略,加快推动我国由人才大国迈向人才强国,将人才工作作为"全面提高党的建设科学化水平"八项任务之一。十八届三中全会强调指出,全面深化改革,需要有力的组织保证和人才支撑。要建立集聚人才体制机制,择天下英才而用之。这些都充分体现了党中央、国务院对人才工作的高度重视,为人才成长发展进一步营造出良好的政策和舆论环境,极大激发了人才干事创业的积极性。

国以才立,业以才兴。面对风云变幻的国际形势,综合国力竞争日趋激烈,我国在全面建成社会主义小康社会的历史进程中机遇和挑战并存,人才作为第一资源的特征和作用日益凸显。只有深入实施人才强国战略,确立国家人才竞争优势,充分发挥人才对国民经济和社会发展的重要支撑作用,才能在国际形势、国内条件深刻变化中赢得主动、赢得优势、赢得未来。

近年来,交通运输行业深入贯彻落实人才强交战略,围绕建设综合交通、智慧交通、绿色交通、平安交通的战略部署和中心任务,加大人才发展体制机制改革与政策创新力度,行业人才工作不断取得新进展,逐步形成了一支专业结构日趋合理、整体素质基本适应的人才队伍,为交通运输事业全面、协调、可持续发展提供了有力的人才保障与智力支持。

"交通青年科技英才"是交通运输行业优秀青年科技人才的代表群体,培养选拔"交通青年科技英才"是交通运输行业实施人才强交战略的"品牌工程"之一,1999年至今已培养选拔282人。他们活跃在科研、生产、教学一线,奋发有为、锐意进取,取得了突出业绩,创造了显著效益,形成了一系列较高水平的科研成果。为加大行业高层次人才培养力度,"十二五"期间,交通运输部设立人才培养专项经费,重点资助包含"交通青年科技英才"在内的高层次人才。

人民交通出版社以服务交通运输行业改革创新、促进交通科技成果推广应用、支持交通行业高端人才发展为目的，配合人才强交战略设立“交通运输行业高层次人才培养项目著作书系”（以下简称“著作书系”）。该书系面向包括“交通青年科技英才”在内的交通运输行业高层次人才，旨在为行业人才培养搭建一个学术交流、成果展示和技术积累的平台，是推动加强交通运输人才队伍建设的重要载体，在推动科技创新、技术交流、加强高层次人才培养力度等方面均将起到积极作用。凡在“交通青年科技英才培养项目”和“交通运输部新世纪十百千人才培养项目”申请中获得资助的出版项目，均可列入“著作书系”。对于虽然未列入培养项目，但同样能代表行业水平的著作，经申请、评审后，也可酌情纳入“著作书系”。

高层次人才是创新驱动的核心要素，创新驱动是推动科学发展的不懈动力。希望“著作书系”能够充分发挥服务行业、服务社会、服务国家的积极作用，助力科技创新步伐，促进行业高层次人才特别是中青年人才健康快速成长，为建设综合交通、智慧交通、绿色交通、平安交通做出不懈努力和突出贡献。

交通运输行业高层次人才培养项目
著作书系编审委员会
2014 年 3 月

作者简介

Author Introduction

冯云,毕业于西安交通大学技术经济专业,先后在中交水运规划设计院、交通运输部规划研究院等单位从事专业技术研究工作。其间,于2002年赴英国卡迪夫大学深造,主修国际运输专业,并获硕士学位。现任交通运输部规划研究院水运所副所长,成绩优异的高级工程师。

曾先后主持全国性及区域性港口布局规划、主要港口总体规划、国家和区域交通发展战略和政策研究等方面的重大研究项目30余项及一般性研究课题60余项;研究领域涉及运输需求预测、运输系统论证、港口规划、港口物流、经济评价、交通战略和政策研究等诸多方面。曾荣获2012年交通运输部"交通青年科技英才"荣誉称号,相关研究成果曾获得国家或省部级一等奖4次,二、三等奖6次。

作者简介

Author Introduction

靳廉洁，毕业于大连海事大学交通运输规划与管理专业，现任交通运输部规划研究院水运所运输经济室高级工程师，主要从事交通行业规划和研究工作。目前攻读大连海事大学博士学位。

主要研究领域包括运输市场分析、交通发展战略、港口规划及相关政策。工作以来，集装箱运输系统始终是研究重点之一，主持并参与相关课题20余项。其中，“全国水路内贸集装箱运输发展研究”、“深圳港集装箱运输系统规划研究”等相关研究成果曾获得中国水运建设行业协会、中国港口协会等奖项。

前 言

Foreword

改革开放以来,我国沿海集装箱运输蓬勃发展,在短短的30多年里,就从一个集装箱运输的后起之秀,迅速发展成为全球集装箱运输的第一大国,取得了举世瞩目的成就。

我国沿海集装箱运输的发展,首先得益于经济和对外贸易的持续快速增长,同时,无数的港航业者们也在其中发挥了关键作用。能够在这个时代,成为我国港航业中的一员,我们也深感荣幸和自豪,并希望能够为这一段令人难忘的发展历程留下一些文字和记录。为此,本书将尝试着对我国沿海集装箱运输的发展历程进行总结,并对其增长机理和未来发展趋势进行粗浅的分析;同时,也希望通过对全球及我国港口集装箱运输相关数据的整理,为今后的相关研究提供些参考。由于水平有限,加之缺少对历史资料进行详尽分析的条件,本书中恐存在诸多谬误和不足之处,在此,向各位读者深表歉意,并欢迎大家的批评指正。

本书的面世,要首先感谢蒋千、高原等交通运输部规划研究院的前辈们,以及原来的同事石应同先生,他们全程参与了改革开放以来我国港航业的发展,在相关规划、建设领域做出了重要贡献,同时也是本书作者的良师益友,在我们的相关工作和研究中给予了大量的指导和帮助。此外,要感激人民交通出版社的编辑们,由于我们的原因,本书的交稿日期被一拖再拖,但周宇等编辑依然给予我们充分的理解和鼓励,并最终促成了本书的出版。最后,也是最需要感激的是我们的父母、爱人等家人,无论是在工作上还是在生活上,我们的每一步进步,都离不开他们无私的关爱和默默的支持。

作者

2017年9月

目　录
Contents

第一篇　集装箱运输发展现状

第二篇　集装箱吞吐量增长机理

第三篇 集装箱吞吐量预测

第一篇

集装箱运输发展现状

第1章　全球集装箱海运量和吞吐量

1.1　集装箱运输的出现和发展历程

1956年4月26日，在被称为集装箱化之父的美国人马尔康·马克林(Malcom McLean)的组织与推动下，58个铝制卡车车身被装上了美国泛大西洋轮船公司(Pan-Atlantic Steamship Co.)的“理想X(Ideal X)”号货轮，开始了从美国新泽西纽瓦克(Newark)到得克萨斯休斯敦(Houston)的航行。这次试航的成功，揭开了现代海上集装箱运输时代的序幕，并最终引发了以集装箱化为核心的全球性运输革命。

从出现到成为当今世界最重要的运输组织方式之一，集装箱运输大体经历了以下三大阶段：

(1)准备期(19世纪初期~20世纪50年代初期)；

(2)成长期(20世纪50年代中期~80年代中期)；

(3)成熟期(20世纪80年代后期至今)。

1.准备期

1801年，英国的詹姆斯·安德森(James Anderson)博士提出了将货物装入集装箱进行运输的设想。19世纪中期，英国出现了带有活动框架的托盘，俗称兰开夏托盘(Lancashire Flat)，它可以看作是最早使用集装箱的雏形。

正式使用集装箱运输货物是在20世纪初期。1900年，英国在铁路上首次实行了集装箱运输，并相继传到美国、德国、法国等地。受到各国集装箱标准不一、配套的吊装机械发展缓慢等因素的制约，集装箱运输的发展停滞不前，而且也没有得到应有的重视。

第二次世界大战期间，为了提高军事物资的运输效率，美国陆军组织了专题研究并开始采用小型的钢制集装箱开展货物运输。在朝鲜战争期间，集装箱运输效率高、货损小的优势得到普遍认可，美军于1952年相应建立了“集装箱快运(Container Express)”系统进行弹药和其他军用物资的运输。

在这一时期，集装箱运输的理念逐步显现，英美等国家还进行了一系列的尝试与实践。由于受到诸多因素的制约，此时的集装箱运输仍以局部的探索为主，但也为日后的发展提供了宝贵而必要的理论准备和技术准备。

2.成长期

1956年，经过纽瓦克-休斯敦之间3个月的试运行，“理想X”号货轮取得了巨大的成功。平均每吨货物的装卸费从5.86美元变为0.16美元，降幅达到了惊人的97%；港口装卸作业时间也由原先的7天缩短到15个小时。试航的成功，充分展示了集装箱运输的优越性，也极大地增强了马尔康·马克林发展海上集装箱运输的信心。

1957年10月，经由美国C-2级货轮改装的世界第一条全集装箱船——“门户之城

(Gateway City)”号下水,开始了从纽瓦克经迈阿密(Miami)到休斯敦的处女航。与“理想X”号相比,“门户之城”号的装载量从58个卡车车身变为了226个35英尺集装箱。它的首航,标志了现代海上集装箱运输的正式开始。

随后,海上集装箱运输在美国逐步发展起来。到20世纪60年代中后期,随着美国-欧洲航线(1966年4月)和美国-日本航线(1967年9月)的先后开通,集装箱运输开始从美国走向全球,参见表1-1。进入20世纪70年代后,由于其高效率、高质量、低成本的特点,以及便于开展联运等优点,集装箱运输受到了货主、船公司、港口及有关部门的欢迎,并快速推广到世界各主要航线。

全球主要经济体开展集装箱运输的时间 表1-1

时　间	国家或地区
20世纪50年代	美国
20世纪60年代	英国、荷兰、比利时、德国、法国、西班牙、意大利、日本、中国台湾、澳大利亚、加拿大
20世纪70年代	俄罗斯、南非、印度、泰国、新加坡、韩国、墨西哥、巴西、中国、中国香港

3. 成熟期

从20世纪80年代后期开始,集装箱运输进入了成熟期,其主要特点有:

(1)全球集装箱航线网络日趋完善;

(2)集装箱船队规模不断扩张;

(3)集装箱港口数量不断增加;

(4)吞吐量规模显著增大;

(5)海运与铁路、公路的多式联运发展迅速;

(6)与集装箱运输有关的硬件和软件日臻完善。

以2000年为例,世界集装箱船队已经达到2623艘、总载箱量446万TEU,船队总规模达到了全球商船队的8.2%;全球集装箱海运量达6680万TEU左右,重量约为6.07亿t,约占全球总海运量的9.9%,成为了仅次于原油的第二大货类;世界集装箱港口吞吐量达到2.29亿TEU,其中吞吐量在100万TEU以上的港口达到了60个。

世界集装箱航运发展历程参见专栏一,集装箱化之父马尔康·马克林的个人情况详见专栏二。

专栏一　集装箱航运发展大事记

1956年,“理想X”号开始了从纽瓦克到休斯敦的首航,拉开了现代集装箱运输的序幕;

1957年,全球首条全集装箱船“门户之城”号下水;

1959年,世界第一台岸边集装箱起重机在美国旧金山湾的阿拉米达投入使用;

1964年,国际标准化组织集装箱技术委员会制定了第一个集装箱外形和重量的国际标准;

1966年,美国海陆公司(Sea-Land Service)开通了美国-欧洲的跨大西洋航线,标志着现代集装箱运输开始从美国向全球拓展;

1970年,全球共有167条集装箱船投入运营;

1974年,荷兰鹿特丹港(Port of Rotterdam)集装箱吞吐量突破100万TEU,成为全球首个吞吐量达到百万箱的港口；

1984 年，全球港口集装箱吞吐量突破 5000 万 TEU；

1988 年，美国总统班轮公司（America President Lines，APL）订造的全球首艘超巴拿马集装箱船——载箱量 4340TEU 的“杜鲁门总统（President Truman）”号下水；

1990 年，新加坡港成为全球首个集装箱吞吐量超过 500 万 TEU 的港口；

1992 年，全球港口集装箱吞吐量突破 1 亿 TEU；

1994 年，中国香港港和新加坡港集装箱吞吐量在全球率先超过 1000 万 TEU 大关；

1997 年，全球集装箱海运量突破 5000 万 TEU；

1999 年，全球港口集装箱吞吐量突破 2 亿 TEU；

2003 年，中国香港港集装箱吞吐量率先突破 2000 万 TEU；

2005 年，全球集装箱海运量突破 1 亿 TEU；

2008 年，全球集装箱船队的运力规模（载箱量）超过 1000 万 TEU；

2011 年，上海港集装箱吞吐量率先突破 3000 万 TEU；

2013 年，马士基班轮公司载箱量达 18000TEU 的 3E 级集装箱船“Maersk Mc-Kinney Moller”号下水，成为集装箱船舶大型化的新标志。

专栏二　现代集装箱之父——马尔康·马克林

1914 年，马尔康·马克林（Malcom Mclean）出生于美国北卡罗来纳州马克斯通镇，他从小就聪颖过人、善于思考，对新生事物十分敏感。1931 年，美国正处于经济大萧条时期，马克林高中毕业，在当地小镇的一家食杂店从事整理货架的工作。1934 年，马克林成立卡车运输公司，从事油品运输业务。1935 年，公司开始从事钢材、棉纱等物资运输。1940 年，运输公司拥有了 30 辆卡车，总收入 23 万美元。受益于经济的复苏，到 1950 年，公司已有 1700 名雇员，在美国设有 32 个货运场站，年收入达到 1200 万美元。

在经营卡车运输公司的过程中，马克林跟随公司拖车到新泽西州码头送货，看到工人用吊钩和绳索把棉花一捆一捆从卡车上卸下，再装上海船，使他萌生了改变这种低效率、高成本的装卸方式的想法。他构想直接把棉花装在一个箱子里，装船时不直接接触里面的货物，这样不仅可以提高装卸效率，还可以大大减少人力作业的货损货差。为实践这种想法，马克林建造了一些可拆卸的拖车载体，并首先在陆上试用。货物装在箱内，到货主厂内或仓库后，把整个箱子卸下，之后拖车的拖头和底盘再去拖运另一个箱子，这样可充分利用卡车的机动部分，从而降低物流成本。

在卡车运输成功后，他将这一方法推广到海上运输。1955 年，马克林卖掉卡车运输公司，转而收购泛大西洋轮船公司和佛罗里达湾码头公司。按照当时美国州际公路允许通行的最大尺寸，订造了一批长 35 英尺、宽 8 英尺、高 8 英尺的集装箱，并把一艘油轮改装为装载集装箱的船舶。1956 年，“理想 X”号在新泽西州纽瓦克至得克萨斯州休斯敦航线上试航，并获巨大成功。

之后，马克林不断在船型和装卸设备等方面进行突破和尝试，陆续建造了箱格结构的全集装箱船、全拖车船等。1960 年，泛大西洋轮船公司更名为“海陆运输公司”，在开展陆路集装箱拖车运输的同时，开展东西海岸等多条国内集装箱航运。1966 年，马克林开辟跨大西洋航线；1967 年，受美国政府要求，海陆公司将航线拓展到越南，并于 1968 年正式开辟了远东-美国的跨太平洋航线。

1969 年，为了有利于公司的进一步发展，马克林将海陆公司出售给实力雄厚的雷诺烟草公司(Reynolds Tobacco Company)，并成为了公司的董事。1977 年，马克林离开海陆公司，并于 1978 年收购美国轮船公司(United States Lines)。在美国轮船公司，他订造了一批当时全球最大的 4400TEU 集装箱船，从事环球航线的集装箱运输。后受多种因素影响，美国轮船公司于 1987 年宣告破产。

2001 年 5 月，马克林因心脏病发作在纽约逝世，享年 87 岁。他缔造了 20 世纪航运业最伟大的变革，被美国《福布斯》杂志评价为“改变我们世界的伟人之一”。在马克林的笔记本上，记录有这样一句话：“货物将最终流向提供最低运价的承运人”，他的毕生精力都是在不断探索和寻找提高运输效率、降低运输成本的新方法。

1.2 集装箱海运量发展情况

1.2.1 总体发展情况

从 20 世纪 80 年代以来，全球海上集装箱运输呈现持续、快速、全面发展的趋势，在全球海运和贸易中的地位也日趋突出。

1980 年，全球集装箱海运量为 1350 万 TEU，货重为 9860 万 t，占当时全球总海运量的 2.7%。之后，随着经济全球化和运输集装箱化进程的推进，集装箱海运量快速增长。期间，尽管遭遇了多次经济危机，全球贸易和总海运量一度出现了负增长，但集装箱海运量一直以领先于全球经济、贸易和总海运量的速度持续增长，参见图 1-1 和表 1-2。

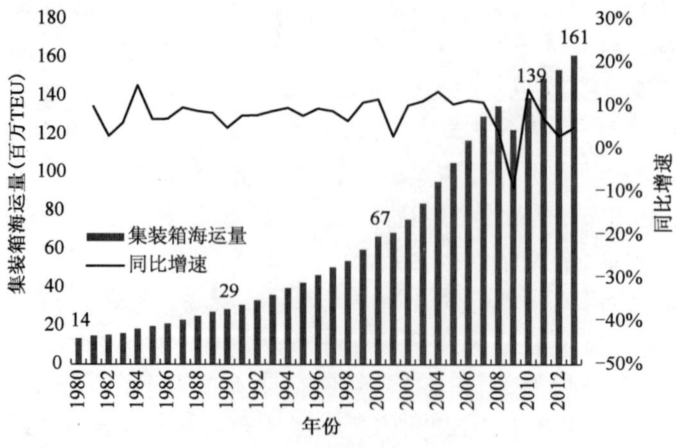

图 1-1 1980 年以来全球集装箱海运量增长情况

数据来源：Clarkson。

1980年以来全球集装箱海运量增速变化情况 表1-2

时 间 段	集装箱海运量	全球总海运量	全球总产出	全球总出口
1980~1990年	7.8%	1.3%	3.1%	5.0%
1991~2000年	8.8%	3.7%	2.8%	6.9%
2001~2007年	9.9%	4.2%	3.2%	6.4%
2008~2012年	3.5%	3.3%	1.6%	2.5%
1980~2012年	7.9%	3.0%	2.8%	5.5%

数据来源:Clarkson,世界银行。

到2000年,全球集装箱海运量达到6680万TEU,1980~2000年的年均增长速度达到了8.3%,不仅比同期全球总海运量的年均增速高出了5.8个百分点,而且明显高于同期全球经济总产出2.9%和总出口5.9%的年均增速。集装箱海运量的快速增长,一方面是得益于经济全球化进程的不断推进和国际贸易的增长,但同时集装箱运输的发展也对经济全球化和国际贸易产生了重大的支撑与促进作用。根据有关研究,1962~1990年发达国家之间贸易增长中,集装箱化的贡献达到了75%以上,而关税降低等政策措施的贡献仅不到1/4。

进入21世纪后,虽然发展基数已经相当庞大,但在"中国因素"的推动下,全球集装箱海运量呈现出加速增长的趋势。到2005年全球集装箱海运量一举突破了1亿TEU大关,到2007年达到了1.29亿TEU,2000年以来年均增速达到了9.9%,年均增量达到了900万TEU左右,远远高于20世纪90年代的年均增长380万TEU。

2008年之后,受国际金融危机的冲击,集装箱海运量增速出现了大幅波动并明显放缓。期间,在2009年甚至一度出现了多达9.2%的负增长。到2013年,全球集装箱海运量达到了1.61亿TEU,2008年以来年均增速回落至3.7%。

由于增速长期领先于其他货类,2013年集装箱货物在全球总海运量中的比重提高到15.4%,较1980年提高了12.8个百分点,参见图1-2;其按金额计算所占比重更是高达60%以上。

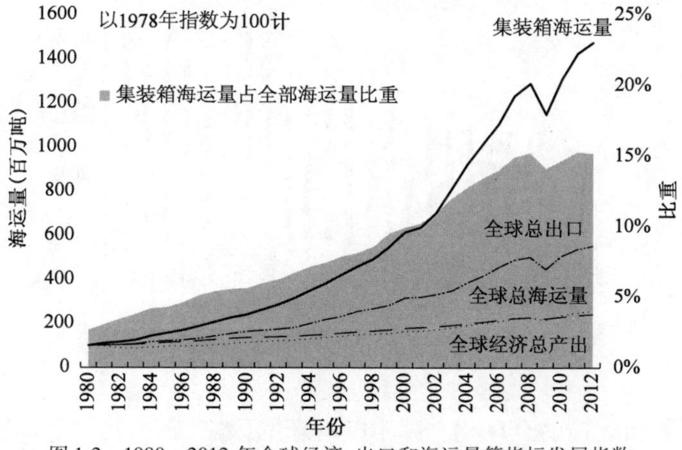

图1-2 1980~2012年全球经济、出口和海运量等指标发展指数

数据来源:Clarkson,世界银行。

回顾自20世纪80年代以来的发展历程可以看出,全球集装箱海运量一直以明显高于全球经济、贸易和总海运量的速度高速增长,但期间也先后经历了三次较大的波动:

(1)1982年,受第二次石油危机的影响,集装箱海运量增速从1981年的9.8%下滑到

3.0%,之后其增速于1983年回升到6.1%,并在1984年进一步提高到14.7%;

(2)2001年,受互联网泡沫影响,集装箱海运量增速从2000年的11.5%大幅下滑至2.9%,2002年又迅速回升到10.1%,并持续保持两位数增长了6年;

(3)此次国际金融危机对集装箱海运量的冲击是最为突出和持久的,首先是2008年的增速从2007年的10.8%大幅下降到4.0%,在2009年还出现了前所未有的大幅负增长(-9.2%),尽管在2010年出现了明显反弹(13.8%),但之后两年又持续回落到3.0%左右。

从总体上看,经管出现过一些波动,但全球集装箱海运量整体上保持了持续较快增长的趋势,初步分析,其原因主要有三点:

(1)首先是经济全球化。一方面经济全球化推动了国际贸易的持续增长,这给集装箱运输的发展提供了充足的货源基础;另一方面,随着生产、消费的全球化,国际贸易的商品结构也发生了重大变化,特别是制造业产品和中间产品等适箱货物的持续扩张,在集装箱运输需求的增长中扮演了更加重要的角色。此外,正如前面所提到的,由于显著提高了运输效率、降低了运输成本,集装箱运输本身也极大地推动了经济全球化的发展步伐。

(2)其次是运输的集装箱化。即随着运输技术和装备的进步,越来越多的件杂货改用集装箱运输,这是导致集装箱货运量的增长速度明显高于其他货物的重要原因之一。

如1990~2014年,全球杂货海运量从5.81亿吨增加到24.85亿t,年均增长4.7%,比同期总海运量的增速高出约0.9个百分点。随着集装箱化的深入,越来越多的件杂货改用集装箱运输,集装箱货物占所有杂货的比重也从21.2%提高到了61.6%,导致同期集装箱海运量(货重)的年均增速达到了8.4%,远远高于同期全球海运量的平均增速。1990年以来全球海运集装箱货物和其他杂货海运量增长情况参见图1-3。

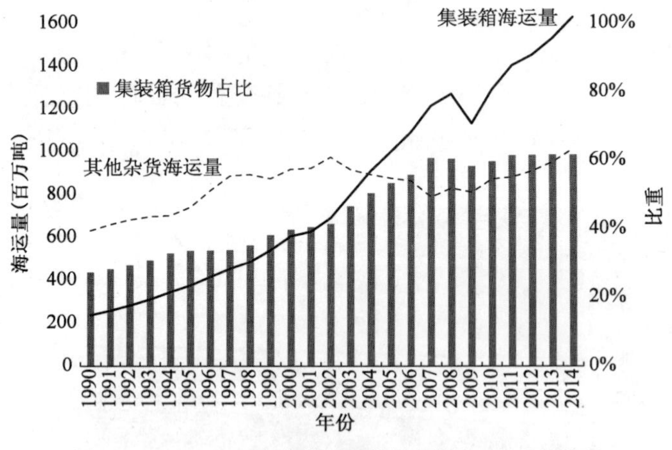

图1-3 1990~2014年集装箱和其他杂货海运量增长情况

数据来源:Clarkson。

(3)第三是集装箱运输的全球化。即不断有新的国家、新的经济体加入到全球集装箱运输网络中,为全球集装箱海运量的增长提供了持续的动力。如2000年以来,全球集装箱海运量共增加了约9400万TEU,其中我国的贡献就超过了60%。

1.2.2 分航线发展情况

现代海上集装箱运输是在20世纪60年代中期从美国-欧洲,即跨大西洋航线发展起来的；之后，随着20世纪60年代后期美国-日本之间集装箱航线的开辟，进一步拓展到跨太平洋航线。进入20世纪70年代后，随着“亚洲四小龙”（泰国、马来西亚、菲律宾、印度尼西亚）等新兴经济体的加入，不仅跨太平洋航线得到了持续增长，远东-欧洲航线的集装箱运输也快速发展起来，并最终形成了引领全球集装箱运输发展的三大干线：

（1）跨大西洋航线，连接北美和欧洲；

（2）跨太平洋航线，连接远东和北美；

（3）远东-欧洲航线，连接远东和欧洲。

进入20世纪80年代后，随着经济全球化和区域经济一体化进程的推进，除上述三大干线之外的其他跨区域航线和区域内航线也得到了长足的发展，并最终形成了今天以三大干线为骨架、以其他跨区域航线为支撑、以区域内航线为基础的分航线发展格局。根据Clarkson的统计，2013年三大干线、其他跨区域航线和区域内航线承担的集装箱海运量分别占到了全球集装箱海运总量的30.4%、30.4%和39.3%，详见表1-3。

现状全球主要航线集装箱海运量发展情况　　表1-3

年　份	合　计	三大干线	其他跨区域航线	区域内航线
	运量（百万TEU）			
2005	105.1	38.6	29.8	36.9
2010	139.3	45.6	41.7	52.0
2013	161.2	49.0	49.0	63.3
年　份	合　计	三大干线	其他跨区域航线	区域内航线
	占比			
2005	100%	37%	28%	35%
2010	100%	33%	30%	37%
2013	100%	30%	30%	39%

数据来源：Clarkson。

从表1-3可以看出：近年来，三大干线在全球集装箱网络中的地位正趋于下降，而除三大干线之外的其他区域航线和区域内航线所占的比重则不断提高。各类航线的具体发展情况详见下文。

1. 三大干线

20世纪70年代以来，随着日本、中国等经济体的先后崛起，跨太平洋航线和远东-欧洲航线的集装箱海运量持续快速增长，而连接北美与欧洲的跨大西洋航线的地位则持续下滑。到2013年，跨大西洋航线、跨太平洋航线和远东-欧洲航线完成的集装箱海运量分别达到了625万TEU、2170万TEU和2101万TEU，在三大干线中的占比分别为12.8%、44.3%和42.9%，参见表1-4。

近年来，由于国际金融危机对欧美等发达国家的经济和贸易产生较大冲击，直接导致了上述三大干线集装箱海运量增速的放缓。2005～2013年，跨太平洋航线的年均增长速度为5.2%，略低于全球集装箱总海运量的5.5%的平均水平；远东-欧洲航线年均增速为2.1%，较全球平均水平低3.4个百分点；表现最差的是跨大西洋航线，仅为0.1%。

从各个航线的发展情况来看：由于远东地区是全球最重要出口基地，因此在跨太平洋航线中东向(即从远东运往北美)的集装箱货物要远多于西向货物;如2013年该航线东向集装箱海运量达到了西向的1.76倍。在远东-欧洲航线中,则是西向货物要远远超出东向货物(西向和东向货运量之比达到2.1∶1)。货流相对较为平衡的是跨大西洋航线,2013年其东向与西向集装箱海运量之比为1∶1.3左右。

2005~2013年三大干线集装箱海运量发展情况 表1-4

单位:百万TEU

年份	合计	跨太平洋			远东-欧洲			跨大西洋		
		小计	东向	西向	小计	东向	西向	小计	东向	西向
2005年	38.6	18.4	13.0	5.4	14.0	4.6	9.4	6.2	2.5	3.7
2010年	45.6	20.3	13.1	7.2	19.6	5.8	13.8	5.7	2.7	3.0
2013年	49.0	21.7	13.8	7.9	21.0	6.8	14.2	6.3	2.7	3.6

数据来源:Clarkson。

2.其他跨区域航线

根据货流的不同,其他跨区域航线可以分为东西航线和南北航线两大部分。其中,东西航线主要包括:

(1)远东-中东/印度次大陆;

(2)欧洲-中东/印度次大陆;

(3)北美-中东/印度次大陆。

南北航线主要包括:

(1)拉美南北航线;

(2)非洲南北航线;

(3)大洋洲南北航线。

近年来东西航线发展情况详见表1-5,南北航线发展情况参见表1-6和表1-7。

2005~2013年其他东西航线集装箱海运量发展情况 表1-5

单位:百万TEU

年份	合计	远东-中东及印度次大陆	欧洲-中东及印度次大陆	北美-中东及印度次大陆
2005年	10.8	5.3	4.2	1.3
2010年	16.9	8.8	6.2	1.9
2013年	20.1	10.8	7.2	2.1

数据来源:Clarkson。

2005~2013年拉美南北航线集装箱海运量发展情况 表1-6

单位:百万TEU

年份	合计	远东-拉美	欧洲-拉美	北美-拉美	拉美其他
2005年	9.4	3.2	2.3	3.7	0.2
2010年	11.9	4.7	3.0	4.0	0.2
2013年	13.1	5.8	3.4	3.6	0.2

数据来源:Clarkson。

2005～2013 年其他南北航线集装箱海运量发展情况 表 1-7

单位：百万 TEU

年 份	非 洲				大 洋 洲		
	小计	远东-非洲	欧洲-非洲	非洲其他	小计	远东-大洋洲	大洋洲其他
2005 年	5.4	2.5	1.9	1.0	4.0	1.4	2.6
2010 年	7.8	4.0	2.4	1.4	5.0	1.7	3.3
2013 年	9.9	5.2	2.9	1.7	5.9	2.2	3.7

数据来源：Clarkson。

3. 区域内航线

当前，全球各大区域内部的集装箱交流量均呈现持续快速增长的趋势。2013 年，全球区域内集装箱海运量达到了 6327 万 TEU，2005～2013 年的年均增速达到了 7.0%，明显高于三大干线的平均增长速度。其中，亚洲的区域内交流量最为庞大，2013 年达到了 4470 万 TEU，占到了全球区域内航线总量的 71%。

2013 年全球集装箱航线及分航线海运量构成情况详见图 1-4，1980 年以来全球集装箱海运量发展情况参见附表 1，1980 年以来全球集装箱海运量发展指数情况参见附表 2，2005 年以来分航线集装箱海运量发展情况参见附表 3。

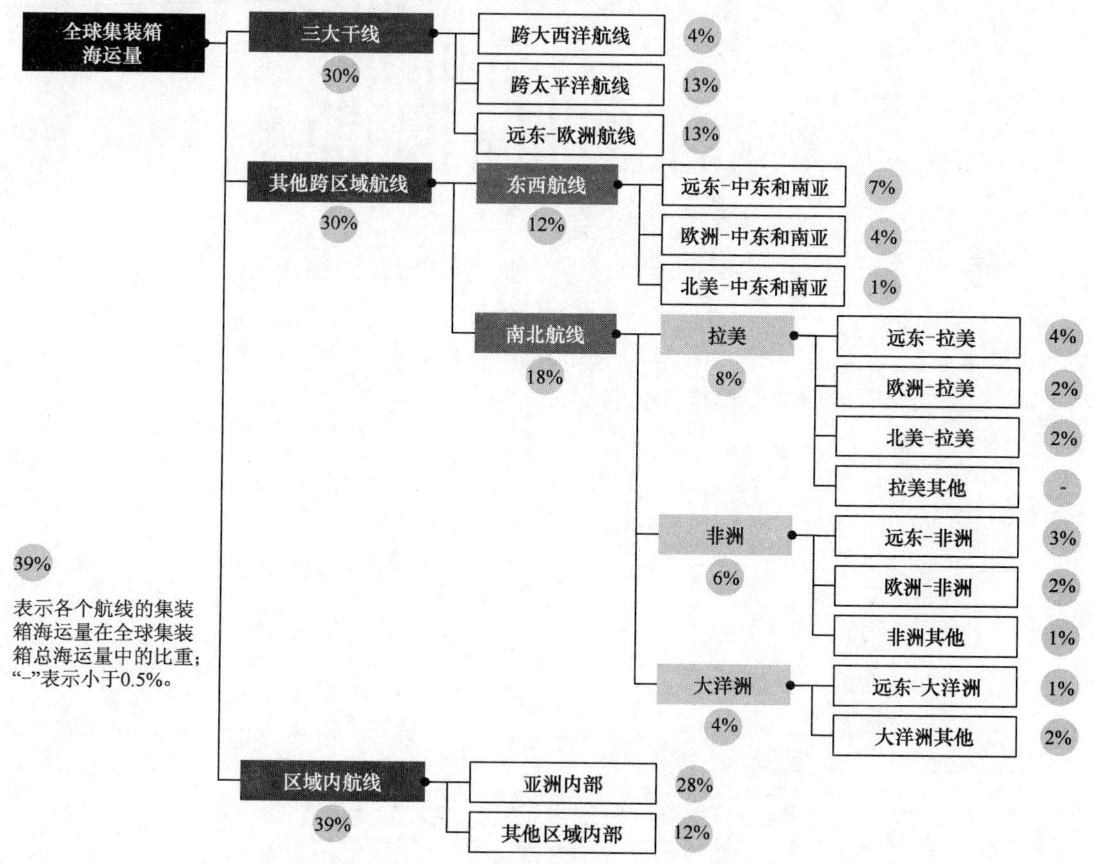

图 1-4 2013 年全球分航线集装箱海运量构成图

数据来源：Clarkson。

1.3 港口集装箱吞吐量发展情况

1.3.1 发展现状

1. 总体发展情况

随着集装箱海运量的增长,全球港口集装箱吞吐量也呈现持续增长的发展趋势。1980～2000年,全球集装箱吞吐量从3720万TEU增长到2.29亿TEU,年均增长速度达到了9.5%,较同期集装箱海运量的年均增速高出了1.2个百分点,参见图1-5。2000～2007年,在“中国因素”的带动下,全球集装箱海运量依然保持了快速扩张的趋势,年均增速进一步提高到了11.6%。进入2008年后,受国际金融危机的冲击,集装箱吞吐量增速大幅下滑至5.3%,并在2009年出现了-8.5%的下降;之后,尽管集装箱吞吐量在2010年出现了明显反弹(增速达14.3%),但2011年增速又开始回落并出现了连续3年的低速增长。

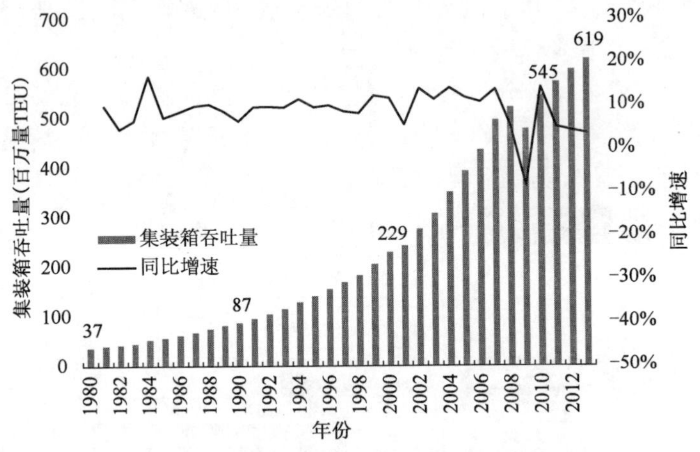

图1-5 1980年以来全球集装箱吞吐量增长情况

数据来源:Clarkson。

从总体上看,全球集装箱吞吐量与海运量的变化趋势是高度一致的(参见图1-1和图1-6),但集装箱吞吐量的增长步伐要明显快于集装箱海运量。其主要原因如下:

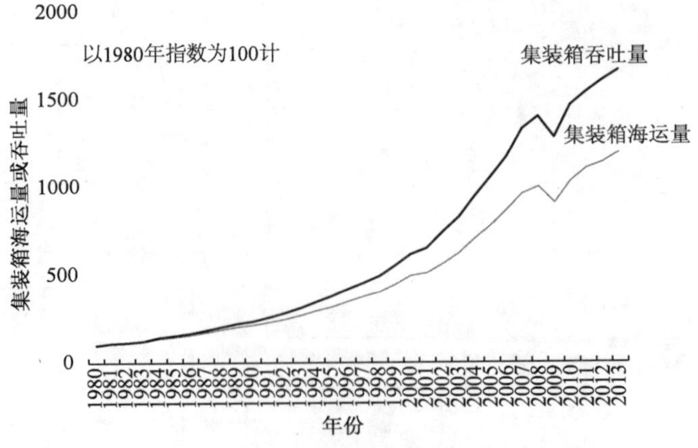

图1-6 1980～2013年全球集装箱海运量和吞吐量指数

数据来源:Clarkson。

(1)“干线港-喂给港”体系的形成和发展,带动了港口中转量的增长;

(2)由于货物流向不平衡,大量的空箱运输也带动了吞吐量的增长。

根据 Clarkson 统计,1980 ~ 2013 年,全球集装箱吞吐量从 3720 万 TEU 增长到 6.19 亿 TEU,年均增速达到了 8.9%,比同期集装箱海运量的增速快 1.1 个百分点。如果均以 1980 年指数为 100 计,则 2013 年全球集装箱吞吐量的发展指数为 1664,而当年集装箱海运量的发展指数为 1195,详见图 1-6 和附表 1。

2. 分区域发展情况

自 20 世纪 80 年代以来,随着新兴经济体,特别是亚洲国家对外贸易的持续快速增长,全球集装箱吞吐量的发展重心呈现出从欧美等发达地区向亚洲转移的趋势,参见图 1-7 和附表 3。

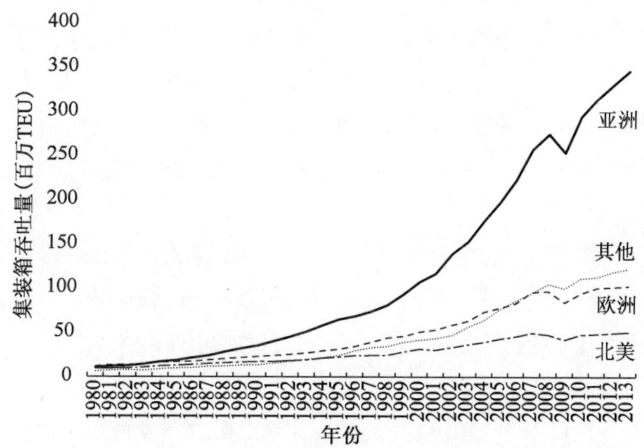

图 1-7　1980 ~ 2013 年全球重点区域集装箱吞吐量发展情况

数据来源:Clarkson。

根据 Clarkson 的估计,2013 年亚洲的集装箱吞吐量已经达到了 3.46 亿 TEU,占全球总量的 55.8%,其比重较 1980 年提高了 28.2 个百分点;同年北美和欧洲的集装箱吞吐量分别为 5001 万 TEU 和 1.02 亿 TEU,所占比重分别为 8.1% 和 16.4%,其占比与 1980 年相比分别下降了 16.9 和 15.0 个百分点。

从细分区域来看,按照世界银行等机构的相关统计(由于统计口径和来源的不同,世界银行和 Clarkson 的数据存在一定的差异),目前全球集装箱吞吐量已经形成了以东亚地区为龙头,欧洲、东南亚、北美和加勒比、中东和南亚等区域为基础,南美、非洲和其他区域为补充的发展格局,参见表 1-8 和表 1-9。

2005 ~ 2012 年全球细分区域集装箱吞吐量占比及增速变化情况　　表 1-8

地　　区	2005 年	2010 年	2012 年	2005/2012 占比变化	2005 ~ 2012 年均增速
东亚	36.0%	37.6%	38.6%	2.6%	8.1%
东南亚	13.9%	13.7%	13.8%	-0.1%	6.8%
中东和南亚	7.5%	9.0%	8.8%	1.2%	9.3%
欧洲	21.1%	18.4%	18.2%	-2.9%	4.8%
北美和加勒比	12.7%	10.4%	9.8%	-2.9%	3.1%

续上表

地　　区	2005 年	2010 年	2012 年	2005/2012 占比变化	2005 ~ 2012 年均增速
南美	4.8%	5.4%	5.4%	0.6%	8.8%
非洲	2.1%	3.6%	3.7%	1.6%	16.0%
其他	1.8%	1.8%	1.8%	0.0%	6.7%

数据来源：世界银行。

2012 年全球分区域集装箱吞吐量完成情况　　表 1-9

地　　区	欧洲	非洲	中东及南亚	东亚	东南亚	北美及加勒比	南美
集装箱吞吐量（万 TEU）	10900	2000	5300	23200	8300	5900	3300

从表 1-8 可知，近年来吞吐量占比增长较快的区域分别为东亚、非洲、中东和南亚，而下降明显的区域主要为欧洲、北美和加勒比地区。从增速来看：非洲的增长最为明显，2005 ~ 2012 年的年均增速超过了 10%；其次分别为中东和南亚、南美、东亚；增长最慢的仍主要是欧洲、北美和加勒比地区。上述数据表明，东亚、非洲等新兴市场和发展中国家目前已经成为推动全球集装箱吞吐量增长的主要力量，而且这些区域的吞吐量还保持较快增长的趋势。

3. 分国家发展情况

从分国家来看，港口集装箱吞吐量的分布是很不均衡的。以 2012 年为例，全球前 20 大国家和地区共完成集装箱吞吐量 4.62 亿 TEU，在全球的占比超过了 3/4。

从前 20 大国家和地区的规模来看，大体可以分为以下四类：

（1）超过 1 亿 TEU，仅中国（不含港澳台地区）一地；

（2）吞吐量在 2000 万 TEU 以上，包括美国、新加坡、中国香港、韩国和马来西亚等 5 个国家和地区；

（3）吞吐量在 1000 万 ~ 2000 万 TEU 之间，包括日本、阿联酋、德国等 7 个国家和地区；

（4）吞吐量在 1000 万 TEU 以下，包括意大利、印度、印度尼西亚等 7 个国家。

从分布情况来看，在前 20 大国家和地区中：

（1）亚洲 11 个，合计 3.29 亿 TEU，占前 20 大国家和地区小计的 71%；

（2）欧洲 6 个，合计 7282 万 TEU，占 16%；

（3）北美 1 个，为 4310 万 TEU，占 9%；

（4）其他区域 2 个，合计 1485 万 TEU，占 4%。

2005 ~ 2012 年全球港口集装箱吞吐量前 20 大国家和地区情况参见表 1-10。

2012 年全球前 20 大国家（地区）集装箱吞吐量表　　表 1-10

单位：万 TEU

序号	国家和地区	2005 年	2010 年	2012 年	2012/2005 年增幅
1	中国（不含港澳台地区）	6725	13029	15502	130.5%
2	美国	3850	4234	4310	11.9%
3	新加坡	2319	2918	3242	39.8%
4	中国香港	2260	2370	2310	2.2%
5	韩国	1511	1854	2145	42.0%

续上表

序号	国家和地区	2005 年	2010 年	2012 年	2012/2005 年增幅
6	马来西亚	1220	1827	2087	71.1%
7	日本	1706	1810	1848	8.3%
8	阿联酋	985	1518	1721	74.7%
9	德国	1360	1482	1606	18.1%
10	西班牙	917	1261	1471	60.5%
11	中国台湾	1280	1244	1388	8.5%
12	荷兰	947	1135	1210	27.8%
13	比利时	789	1098	1073	36.0%
14	意大利	986	979	994	0.9%
15	印度	498	975	983	97.2%
16	印度尼西亚	550	848	932	69.4%
17	英国	825	859	928	12.5%
18	巴西	565	814	886	56.8%
19	埃及	403	671	805	99.6%
20	泰国	512	665	737	44.1%

数据来源:世界银行等。

1.3.2　发展特点

当前,全球集装箱港口的发展呈现出以下三大趋势:

(1)集装箱吞吐量不断向干线港集中;

(2)部分区域的干线港布局日趋分散;

(3)全球集装箱港口的发展重心不断东移。

具体分析如下:

1. 集装箱吞吐量不断向干线港集中

(1)现状发展情况。目前,世界海上集装箱运输已经形成了一个以干线港为核心,远洋干线为骨架,众多喂给港和其他航线为基础的全球性网络。在这一网络中,大型干线班轮往返于各大洲的集装箱干线港,支线和喂给船则往返于干线港和众多中小型集装箱港口之间,使集装箱服务网络覆盖到全球的每个角落。

在这一系统中,全球集装箱港口逐步形成了以“干线港-喂给港”为代表的分层次的布局体系。其中,集装箱干线港是整个运输网络的核心,它一方面是远洋干线班轮的起讫点或挂靠点,另一方面也是货物在干线航线和喂给航线之间中转的枢纽。在过去的 30 多年中,随着“干线港-喂给港”体系的形成和发展,干线港的地位和作用日益突出,港口集装箱吞吐量也出现了向干线港集中的趋势。

当前,全球集装箱吞吐量不断向干线港集中的趋势主要表现在以下三个方面:

①干线港的吞吐量规模持续增加;

②干线港的数量不断增多;

③干线港的地位日益突出。

首先,从吞吐量规模来看,1990 年全球前 10 大集装箱港口的平均吞吐量为 307 万 TEU;到 2000 年增加到 798 万 TEU,翻了一番以上。21 世纪以来,随着全球贸易的持续快速增长,全球前 10 大集装箱港口的平均规模也不断扩大,分别于 2003 年、2013 年超过了 1000 万 TEU 和 2000 万 TEU 大关,参见图 1-8。其中,上海港和新加坡港分别于 2011 年和 2012 年达到了 3000 万 TEU 以上,二者合计就占到了全球集装箱总吞吐量的 10% 以上。

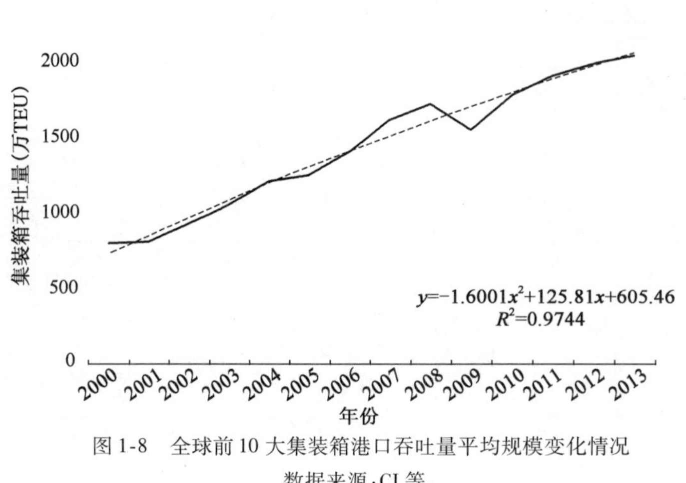

图 1-8　全球前 10 大集装箱港口吞吐量平均规模变化情况

数据来源:CI 等。

其次,从吞吐量超过 500 万 TEU 的大型干线港数量来看,1990 年时全球仅有 2 个港口,到 2000 年增加到 6 个,而到 2010 年就迅速增加到 22 个,远远超过了上一个十年的增长速度。

第三,从大型干线港的作用来看,1990 年、2000 年和 2010 年吞吐量在 500 万 TEU 以上的大型干线港的总吞吐量分别为 1032 万 TEU、6200 万 TEU 和 2.65 亿 TEU,其在全球港口集装箱吞吐量中所占的比重分别为 12.4%、26.5% 和 55.0%,呈现出持续提高的趋势。

(2)未来发展趋势。今后,干线港在全球集装箱运输网络中的地位仍将十分突出。但是,从单个港口来看,受一系列制约因素的限制,其吞吐量规模不会一味地持续扩张,如:

①港口的服务范围及腹地货源规模;

②港口岸线、土地的资源容量;

③港口性质,如中转型港口,或者是腹地型港口;

④港口的集疏运方式,以及主要集疏运通道的容量;

⑤港口所在城市的支撑条件等。

从现状的实际情况来看,对于大型集装箱干线港,特别是以陆路运输为主要集疏运方式的腹地型港口,集疏运通道的容量已经成为了制约港口吞吐量规模继续扩张的主要因素。此外,当吞吐量规模达到一定程度后,随着规模增加而产生的成本节约将越来越小,反而是运量过度集中产生的负面影响会更加突出,从而导致了规模不经济,这也是制约大型港口进一步发展的重要因素。

受上述因素的影响,绝大多数的集装箱港口都存在着一个合理规模的制约,一旦其吞吐量接近或者超过了这个合理规模，其吞吐量的发展速度将明显趋缓。当然，由于各个港口性质、自然区位条件、腹地经济规模、集疏运方式、港城关系等因素的不同，其合理的运量规模也会不同。

根据 2013 年的排名，全球前 20 大集装箱港口依次为：

①上海(3362 万 TEU，第 1 位)；

②新加坡(3258 万 TEU，第 2 位)；

③深圳(2328 万 TEU，第 3 位)；

④香港(2229 万 TEU，第 4 位)；

⑤釜山(1768 万 TEU，第 5 位)；

⑥宁波-舟山(1735 万 TEU，第 6 位)；

⑦青岛(1552 万 TEU，第 7 位)；

⑧广州(1531 万 TEU，第 8 位)；

⑨迪拜(1350 万 TEU，第 9 位)；

⑩天津(1300 万 TEU，第 10 位)；

⑪鹿特丹(1162 万 TEU，第 11 位)；

⑫巴生(1023 万 TEU，第 12 位)；

⑬大连(1002 万 TEU，第 13 位)；

⑭高雄(994 万 TEU，第 14 位)；

⑮汉堡(921 万 TEU，第 15 位)；

⑯安特卫普(858 万 TEU，第 16 位)；

⑰厦门(801 万 TEU，第 17 位)；

⑱洛杉矶(790 万 TEU，第 18 位)；

⑲丹戎帕拉帕斯(747 万 TEU，第 19 位)；

⑳长滩(673 万 TEU，第 20 位)。

在上述大型集装箱港口中，由于中国(不含港澳台地区)港口集装箱运输的发展历史相对较短，而且很多港口还处于快速成长阶段。因此，下面将对除中国(不含港澳台地区)以外的全球前 10 大集装箱港口的发展情况进行分析，为判断集装箱港口发展趋势提供参考。1980 年以来新加坡等 10 个港口的集装箱吞吐量的增长速度变化情况参见表 1-11。

中国(不含港澳台地区)以外前 10 大集装箱港口吞吐量增速变化情况　　表 1-11

港　口	1980 ~ 1985	1986 ~ 1990	1991 ~ 1995	1996 ~ 2000	2001 ~ 2005	2006 ~ 2010	2011 ~ 2013
新加坡	16.1%	22.0%	17.8%	7.5%	6.4%	4.2%	4.6%
香港	9.3%	17.4%	19.7%	7.6%	4.5%	0.8%	-1.8%
釜山	12.6%	15.4%	13.9%	10.9%	9.4%	3.6%	7.7%
迪拜	43.6%	18.6%	17.7%	8.1%	20.0%	8.8%	5.2%
鹿特丹	6.9%	6.7%	5.5%	5.6%	8.1%	3.8%	1.4%
巴生港	14.0%	15.2%	18.0%	23.1%	12.3%	9.2%	4.9%
高雄	16.4%	10.8%	8.4%	7.3%	5.0%	-0.6%	2.7%

续上表

港　　口	1980 ~ 1985	1986 ~ 1990	1991 ~ 1995	1996 ~ 2000	2001 ~ 2005	2006 ~ 2010	2011 ~ 2013
汉堡	8.1%	11.2%	8.0%	8.0%	13.7%	-0.5%	5.2%
安特卫普	13.3%	2.8%	8.5%	11.9%	9.7%	5.5%	0.4%
洛杉矶	11.8%	18.6%	-0.3%	13.8%	8.9%	0.9%	0.3%

数据来源:CI 等。

从表 1-11 可以看出,上述大型集装箱港口的吞吐量增长速度大都随着规模的扩大而呈现明显下降的趋势。以新加坡为例,1980 ~ 2013 年,新加坡港集装箱吞吐量从 92 万 TEU 增长到 3258 万 TEU,年均增长速度为 11.4%。其中,2000 年之前的年均增速为 15.7%,而 2000 ~ 2013 年的增速为 5.1%,下降了 10.6 个百分点,参见图 1-9。

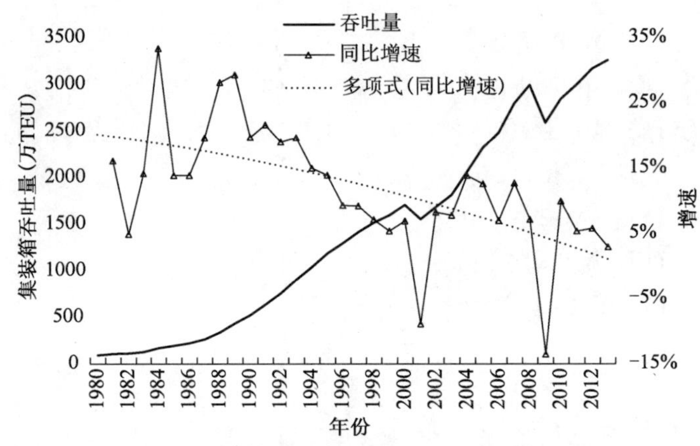

图 1-9　新加坡港集装箱吞吐量和增速变化情况

数据来源:CI 等。

与新加坡港类似,香港过去 30 年来集装箱吞吐量的年均增速也呈现明显的下降趋势。其中,2000 年以来的年均增长速度为 1.6%,比 1980 ~ 2000 年的 13.4% 下降了 11.8 个百分点,参见图 1-10。

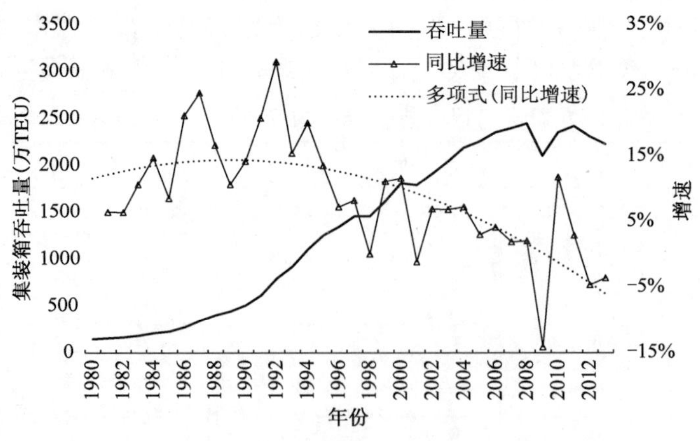

图 1-10　香港港口集装箱吞吐量和增速变化情况

数据来源:CI 等。

2. 部分区域的干线港布局日趋分散

由于经济、贸易发展的不平衡，全球的港口集装箱吞吐量也主要集中在欧美和东亚等区域。其中，西欧、北美是集装箱运输发展最早，也是目前港口集装箱运输最为繁忙的地区；而亚洲则得益于区域经济、贸易的迅速发展，成为了当前世界集装箱运输发展最快、规模最大的区域。

通过对上述重点区域集装箱运输的发展趋势的分析发现：在这些区域内，随着集装箱整体运输规模的增加，干线港的数量往往呈现出不断增加的趋势，并导致区域内的干线港布局趋于分散。下面，即以欧洲的汉堡-勒阿弗尔地区和东南亚为例进行简要的分析。

(1)汉堡-勒阿弗尔地区。包括德国、荷兰、比利时、法国和英国在内的汉堡-勒阿弗尔地区是全球集装箱运输发展历史最长的区域之一。1980年，该区域港口集装箱吞吐量规模为769万TEU。其中，吞吐量在100万TEU以上的港口仅鹿特丹港1个，其余港口的集装箱吞吐量都在80万TEU以内，1980年该区域集装箱吞吐量超过50万TEU的具体港口情况如下：

①鹿特丹港，190万TEU，占比24.7%；

②汉堡港，78万TEU，占比10.2%；

③安特卫普港，72万TEU，占比9.4%；

④不来梅港，70万TEU，占比9.1%；

⑤勒阿弗尔港，51万TEU，占比6.6%。

到2010年，汉堡-勒阿弗尔地区的集装箱总吞吐量达到了4213万TEU，较1980年增长了448%。其中，吞吐量超过100万TEU的港口达到了7个，分别为：

①鹿特丹港，1115万TEU，占比26.5%；

②安特卫普港，847万TEU，占比20.1%；

③汉堡港，790万TEU，占比18.8%；

④不来梅港，489万TEU，占比11.6%；

⑤费里克斯托港，342万TEU，占比8.1%；

⑥泽布吕赫港，250万TEU，占比5.9%；

⑦勒阿弗尔港，236万TEU，占比5.7%。

从上述分析可以看出，1980～2010年，汉堡-勒阿弗尔地区集装箱吞吐量超过100万TEU的港口数量新增了6个，主要干线港布局也从原先的以鹿特丹港为主变为鹿特丹港、安特卫普港和汉堡港三足鼎立。其中，鹿特丹港在整个区域中的市场份额基本维持在1/4左右，没有明显变化；与此同时，安特卫普港、汉堡港的地位显著提升，其市场份额均从1980年的10%左右提升到20%左右。此外，不来梅港、费里克斯托港、泽布吕赫港和勒阿弗尔港的吞吐量增幅明显，其作用也日益突出。1980年以来，汉堡-勒阿弗尔地区主要的大型集装箱干线港市场份额变化情况参见图1-11。

(2)东南亚。东南亚地区是当今海上集装箱运输最为繁忙的区域之一。根据国际集装箱化杂志的相关数据，1980年时东南亚地区的港口集装箱运输还处于起步发展阶段，当时该区域的集装箱吞吐量规模仅140万TEU左右，港口主要有新加坡港、曼谷港、巴生港等。其中，新加坡港集装箱吞吐量为92万TEU，占区域总量的67.2%；其余港口的吞吐量规模均在

20 万 TEU 以内。

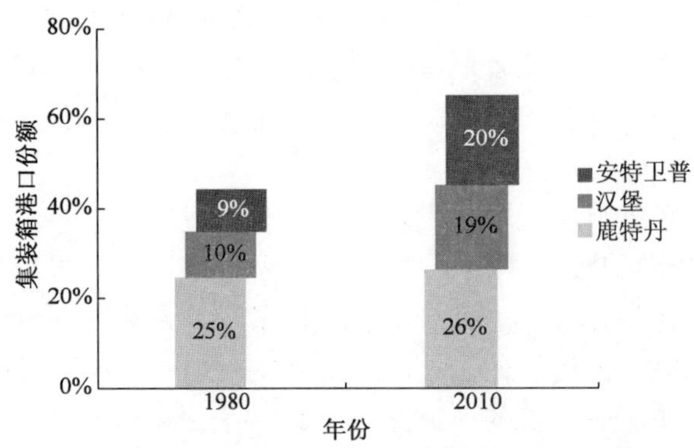

图 1-11　汉堡-勒阿弗尔地区主要集装箱港口份额变化情况

数据来源:CI 等。

经过 30 年的快速发展,到 2010 年,东南亚地区的集装箱吞吐量总规模达到了 6500 万 TEU 左右。吞吐量超过 100 万 TEU 的港口达到了 9 个,各个港口的集装箱吞吐量和在区域中所占的市场份额情况如下:

①新加坡港,2843 万 TEU,占比 43.8%;

②巴生港,887 万 TEU,占比 13.7%;

③丹戎帕拉帕斯港,653 万 TEU,占比 10.1%;

④林查班港,507 万 TEU,占比 7.8%;

⑤丹戎普瑞克港,471 万 TEU,占比 7.3%;

⑥胡志明港,379 万 TEU,占比 5.8%;

⑦丹戎佩拉港,303 万 TEU,占比 4.7%;

⑧曼谷港,145 万 TEU,占比 2.2%;

⑨槟城港,111 万 TEU,占比 1.7%。

与欧洲的汉堡-勒阿弗尔地区类似,东南亚地区的集装箱干线港布局也从 20 世纪 80 年代初期的以新加坡港为主,逐步发展成为以新加坡港为核心,以巴生港、丹戎帕拉帕斯港、林查班港等港口为辅的格局。1980 年以来,东南亚地区大型集装箱干线港市场份额变化情况参见图 1-12。

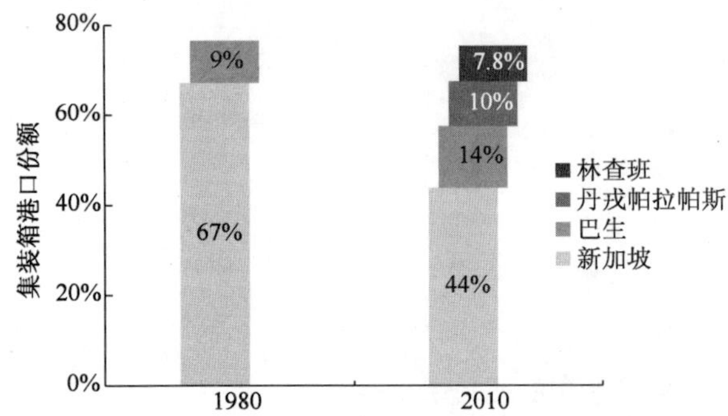

图 1-12　东南亚地区主要集装箱港口份额变化情况

数据来源:CI 等。数据显示 1980 年时丹戎帕拉帕斯和林查班尚未开展集装箱运输。

通过上面对西欧、东南亚地区的分析可以看出:在上述区域中,除了传统的鹿特丹港、新加坡港之外,随着整个区域运输规模的扩展,大型干线港的数量趋于增多,呈现出布局日趋分散的发展趋势。如汉堡-勒阿弗尔地区的安特卫普港和汉堡港,东南亚的巴生港、丹戎帕拉帕斯港和林查班港等。

3. 发展重心东移

前面的集装箱海运量和分区域、分国家集装箱吞吐量发展情况已经表明,全球集装箱运输的发展重心已经从欧美地区转向了亚洲，特别是东亚。下面，将主要从全球前 20 大集装箱港口中各个地区港口数量的变化情况对这种趋势再进行补充说明，具体情况详见表 1-12。

全球前 20 大集装箱港口分区域分布的变化情况　　表 1-12

地　　区	1970 年	1980 年	1990 年	2000 年	2010 年	2014 年
欧洲	11	4	5	6	3	3
北美	6	6	6	3	3	2
亚洲	1	8	9	11	14	15
其中：中国（不含港澳台地区）				2	7	8
其他	2	2				
小计	20	20	20	20	20	20

数据来源：CI、上海国际航运中心研究中心等。

从表 1-12 可知，在 1970 年，全球前 20 大集装箱港口中有 17 个都分布在欧洲和北美，其他地区仅有 3 港，其中亚洲仅有日本的神户港进入了前 20 大港口之列。之后，随着日本以及韩国、中国台湾、中国香港和新加坡亚洲四小龙经济的迅速崛起，亚洲港口的数量在 1980 年就迅速提升到了 8 个；与此同时，欧洲港口的数量出现了明显减少，从 1970 年的 11 个下降到了 1980 年的 4 个。从 20 世纪 90 年代开始，特别是进入新世纪以来，随着我国集装箱运输的快速发展，亚洲港口的数量进一步快速增长。到 2000 年，亚洲港口数量达到了 11 个，占比超过了 50%，当时中国（不含港澳台地区）已经有 2 港进入全球前 20 大集装箱港口之列；到 2013 年，亚洲港口数量达到了 15 个之多，其中中国（不含港澳台地区）港口更是占到了 8 席。

总体来看，在过去的数十年时间里，全球前 20 大集装箱港口的分布重心呈现出不断从欧美向亚洲转移的趋势。在这一过程中，日本和亚洲四小龙的港口在 20 世纪 80、90 年代里发挥了主导作用；而进入 21 世纪后，我国港口则异军突起，成为了全球大型集装箱港口发展最快、数量最多的国家。

第2章 我国沿海集装箱海运量和吞吐量

2.1 发展回顾

2.1.1 总体发展情况

我国(不含港澳台地区)集装箱运输起步于20世纪50年代的铁路运输,当时采用的是2.5t的铁路箱,并一度开展了铁路箱的铁、水联运。之后,受多种原因的影响,港口集装箱运输长期处于停滞状态。进入20世纪70年代后,在国际集装箱运输蓬勃发展的大背景下,为进一步提高我国港口的装卸质量和效率,由原交通部负责组织领导,启动了水上集装箱运输的试验,试验的对象也逐渐从2.5t的国内铁路箱改为20英尺的国际标准箱。

1978年9月,载有162个集装箱的半集装箱船"平乡城"轮从上海港起航,驶向澳大利亚,标志着我国(不含港澳台地区)第一条国际集装箱班轮航线正式开通,拉开了我国国际集装箱运输发展的帷幕。与美国相比,我国沿海集装箱运输起步晚了20年多年,但其发展速度之快、影响之大远远超出所有人的预期。根据相关统计,1978年我国港口集装箱吞吐量仅1.8万TEU,但到2014年就达到了2.0亿TEU,年均增速达到了29.6%,比同期全球港口集装箱吞吐量的增速高出20.3个百分点,在最近30多年的全球集装箱运输发展中发挥了举足轻重的作用。

1978年以来,我国港口集装箱总吞吐量发展情况及其占全球港口集装箱吞吐量的比重变化情况参见图2-1。

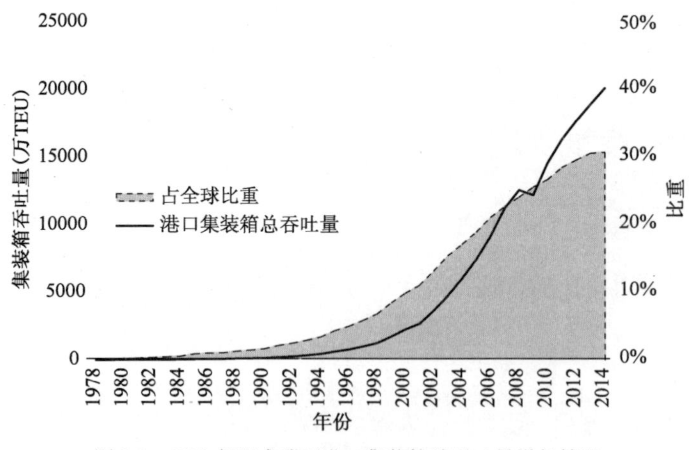

图2-1 1978年以来我国港口集装箱总吞吐量增长情况

数据来源:交通运输部。

2.1.2 沿海集装箱运输发展回顾

沿海是我国国际集装箱运输的发源地,并一直在我国水路集装箱运输中占据着主导地位。2014年我国沿海集装箱吞吐量达1.9亿TEU,占全部港口集装箱吞吐量的95%。沿海港口和内河港口集装箱吞吐量增长情况详见附表4(本书中的我国沿海港口范围与国务院批复的《全国沿海港口布局规划》一致,即包括全部沿海港口和长江南京以下的沿江港口,下同)。

回顾历史,我国沿海集装箱运输的发展可以大体分为以下5个阶段:

1. 探索尝试阶段(1972~1977年)

1972年9月,交通部水运局使用2.5吨的铁路箱开展了大连港-上海港之间的国内集装箱运输。之后,中国远洋运输总公司等多家企业利用中日航线的杂货班轮,启动了我国上海港、天津港与日本大阪港、神户港和横滨港之间的集装箱试运工作,并逐步从8、10英尺的小型集装箱过渡为20英尺标准箱。这一时期,集装箱运输总体处于探索尝试阶段,规模有限,但在组织管理、港航设施、技术装备等方面为日后集装箱运输的发展进行了初步的准备。

2. 起步发展阶段(1978~1988年)

1978年,中国-澳大利亚之间的班轮航线开通,正式揭开了我国海上国际集装箱运输的序幕。1981年,我国第一个集装箱专业化码头在天津建成,开启了我国港口集装箱专业化发展的进程。期间,在国家改革开放的大背景下,我国沿海集装箱运输从前面的探索尝试转入了起步发展,同时在管理组织、规章制度、设施装备、人才培养等方面都取得了一系列重大进展,为日后的大规模发展奠定了基础。

在这一时期,沿海从事集装箱运输的港口从改革开放初期的上海港、天津港、广州港、青岛港等少数几个港口逐步扩大到大连港、秦皇岛港、烟台港、连云港港、南京港、张家港港、南通港、宁波港、温州港、海门港(现台州港)、福州港、厦门港、汕头港、深圳港、广州港、湛江港、海口港、北海港等22个港口。1988年,沿海集装箱吞吐量达到96万TEU,1978年以来的年均增长速度达到了48.9%。需要指出的是,尽管增长迅猛,但当时我国沿海集装箱运输的总体规模仍相对较小。如1988年沿海港口集装箱货物总重为963万t,仅占当年沿海港口货物总吞吐量的1.8%;当年港口集装箱吞吐量最大的是上海港,1988年共完成31.3万TEU,仅为当时全球第一大集装箱港口——香港(403万TEU)的7.8%。

3. 快速增长阶段(1989~1997年)

1989年,以港口集装箱总吞吐量突破100万TEU为标志,我国沿海集装箱运输进入了快速发展阶段,并呈现出低基数、高增速的发展特征。

这一时期,随着我国国际贸易的发展,港口集装箱吞吐量快速增长到1997年的952万TEU,年均增速达到了29.0%。在沿海总量不断增长的同时,以上海港等为代表的沿海主要集装箱港口的单港吞吐量规模也得到显著提升。到1997年,沿海共有3个港口的集装箱吞吐量超过了100万TEU。其中,上海港集装箱吞吐量达到253万TEU;深圳港、青岛港分别达到115万TEU和104万TEU。此外,天津港、厦门港和广州港的集装箱吞吐量规模均超过了50万TEU。与此同时,在1997年前后,我国沿海内贸集装箱运输也开始起步,并快速增长,海上集装箱运输开始了从沿海外贸运输向内贸运输的拓展。

我国海上集装箱运输的快速发展,沿海专业化集装箱码头的建设步伐的逐步加快,引起了国际集装箱码头运营商的广泛关注,以中国香港和记黄埔、新加坡PSA等为代表,众多国内外企业先后参与到上海港、深圳港等港口的集装箱码头建设和经营领域，使集装箱码头成为了外商投资的热点之一，并在提升我国集装箱码头的运营水平和国际竞争力等方面发挥了重要作用。

与此同时，我国在国际集装箱运输中的地位和作用也逐步显现。如从全球排名来看，1997 年我国规模以上港口集装箱吞吐量达到了 984 万 TEU，仅次于美国、中国香港、新加坡和日本，位居全球第 5 位。上海港集装箱吞吐量 1995 年达到 153 万 TEU，排名全球第 19 位，成为我国（不含港澳台地区）第一个进入全球前 20 大集装箱港的港口。从国内来看，1997 年沿海集装箱货物总重达到了 8161 万 t，占当年沿海港口货物总吞吐量比重增加到 7.9%。

4. 大幅扩张阶段(1998～2007 年)

1998 年，我国沿海港口集装箱吞吐量达到了 1180 万 TEU，一举超过了 1000 万 TEU 大关，标志着我国集装箱运输进入了大幅扩张阶段，总体呈现高基数、高增速的发展特点。

到 2007 年，沿海集装箱吞吐量首次超过 1 亿 TEU 大关，达到了 1.09 亿 TEU。1998～2007 年的年均增速达到了 27.6%，年均增量也达到了 992 万 TEU，是 1988～1997 年年均增量的 10.4 倍。期间，我国全部规模以上港口集装箱吞吐量在 2002 年达到 3618 万 TEU（其中沿海港口完成 3481 万 TEU），首次超过连续 46 年保持世界首位的美国，成为全球集装箱吞吐量第 1 大国。2007 年，沿海集装箱吞吐量超过 100 万 TEU 的港口数量由 1997 年的 3 个增加到 16 个。同年，上海港、深圳港、青岛港、宁波港、广州港和天津港 6 个港口的集装箱吞吐量排名进入了世界前 20 位。作为我国最大的两个集装箱港口，上海港、深圳港在 2003 年双双跨入千万箱大港行列，并在 2006、2007 年先后突破 2000 万 TEU 大关，在全球的排名分别提高到第 2 位和第 4 位（2007 年）。2007 年，沿海集装箱货物总重达到了 10.4 亿 t，占到了全国沿海货物总吞吐量的 23.0%，成为了沿海港口第一大货种。

这一时期也是我国内贸集装箱运输的高速发展期。2007 年，沿海内贸航线集装箱吞吐量达到了 2476 万 TEU，占到了沿海集装箱总吞吐量的 22.8%。2000 年以来内贸集装箱吞吐量的年均增速达到了 36.5%，比同期国际航线集装箱吞吐量的年均增速高出了 11.8 个百分点，成为了推动沿海集装箱吞吐量持续高速增长的重要因素。同时，在沿海还出现了广州港、上海港、天津港、青岛港和营口港 5 个超 100 万 TEU 的内贸集装箱大港，其中广州港、上海港的内贸集装箱吞吐量更是分别达到了 593 万 TEU 和 341 万 TEU。

5. 增速回落阶段(2008 年至今)

受国际、国内诸多因素的影响，2008 年以来沿海集装箱运输进入了高基数、低增速的新的发展阶段。2014 年，沿海集装箱吞吐量达到了 1.9 亿 TEU，2008 年以来的年均增速为 8.3%，较上一个阶段下降了 19.2 个百分点。在这一时期，尽管增速明显放缓，2009 年还一度出现了负增长，但由于基数较大，增长的绝对量依然巨大。而且我国集装箱吞吐量增速依旧快于大多数发达国家和全球平均水平，因此，我国港口的地位仍不断提升。如 2014 年在全球前 20 大集装箱港口中，我国（不含港澳台地区）沿海港口达到了 8 位，其中有上海港、深圳港等 6 个港口进入前 10 位。

1981 年以来我国沿海集装箱吞吐量发展情况参见图 2-2，沿海集装箱运输发展大事记参见专栏三。

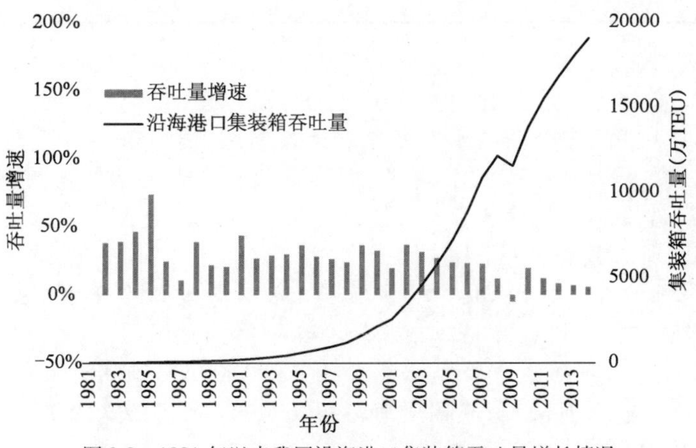

图2-2　1981年以来我国沿海港口集装箱吞吐量增长情况

数据来源：交通运输部。

专栏三　我国沿海港口集装箱发展大事记

1972年，开始了大连港-上海港之间的国内箱试运；

1973年，中日航线杂货班轮捎带集装箱在上海首航；

1978年，“平乡城”轮装载着162个集装箱离开上海港，驶往澳大利亚，标志着我国第一条国际集装箱班轮航线的开通；

1981年，我国第一座集装箱专用码头——天津港第三港池21号集装箱码头正式投产使用；同年，中美第一条直达集装箱航线从天津港首航；

1983年，利用世行贷款，交通部为上海、天津、黄埔3港购置了一批集装箱码头专用设备，使3港共7个集装箱专用泊位的能力达到了70万TEU；

1987年，我国第一家中外合资经营的集装箱码头公司——南京国际集装箱装卸有限公司成立；

1989年，我国沿海港口集装箱总吞吐量超过100万TEU；

1990年，中远总公司投入423TEU的怀远河轮开辟了上海港-天津港-青岛港-大连港国际集装箱沿海支线，将部分经国外港口中转的集装箱货物改由上海港和天津港中转；同年，《中华人民共和国海上国际集装箱运输管理规定》公布实施；

1992年，上海港集装箱综合发展有限公司与和记黄埔上海港口投资有限公司签订了合资经营上海港集装箱码头的合同；

1993年，广州港货运总公司开辟了广州港－上海港的首条国内集装箱班轮航线；

1994年，深圳、香港合资的盐田国际集装箱码头公司成立；同年，上海港集装箱吞吐量达到120万TEU，成为我国首个吞吐量突破100万TEU的港口；

1995年，我国沿海港口集装箱吞吐量超过500万TEU；同年，《全国沿海集装箱运输系统布局规划》出台，提出建设上海港、深圳港、大连港、天津港、青岛港、宁波港等6大集装箱枢纽港；

1996年，交通部颁布《国内水路集装箱货物运输规则》；同年，中央提出建设上海国际航运中心；

1997 年，海口南海青年实业公司提出并开始实施以上海港为枢纽，由长江下游和南北沿海航线共同构成的“T”字形国内水路集装箱运输网络，国内沿海集装箱运输进入快速起步阶段；同年，交通部和铁道部共同签发了《国际集装箱多式联运管理规则》；

1998 年，我国沿海港口集装箱吞吐量突破 1000 万 TEU 大关；同年，中国出口集装箱运价指数由上海航交所正式发布；

2001 年，国家出台了《关于深化中央直属和双重领导港口管理体制改革的意见》；

2002 年，我国超过美国，成为全球集装箱吞吐量第一大国；

2003 年，上海港、深圳港集装箱吞吐量双双突破 1000 万 TEU 大关；

2004 年，《港口法》颁布实施；我国沿海港口集装箱吞吐量突破 5000 万 TEU，国内航线集装箱吞吐量突破 1000 万 TEU 大关；

2006 年，国务院发布《全国沿海港口布局规划》；

2007 年，我国全部港口和沿海港口的集装箱吞吐量均突破 1 亿 TEU；

2009 年，受国际金融危机影响，沿海港口集装箱吞吐量首次出现负增长；

2010 年，上海港超过新加坡港，成为全球第一大集装箱港口；

2011 年，上海港成为全球首个集装箱吞吐量突破 3000 万 TEU 的港口；

2012 年，沿海港口国内航线集装箱吞吐量超过 5000 万 TEU；

2014 年，我国全部港口集装箱吞吐量突破 2 亿 TEU；在当年的全球前 10 大集装箱港口中，包括香港港在内的我国港口包揽了 7 席，依次为：上海港（第 1 位）、深圳港（第 3 位）、香港港（第 4 位）、宁波-舟山港（第 5 位）、青岛港（第 7 位）、广州港（第 8 位）、天津港（第 10 位）。

2.2 集装箱海运量发展现状

2.2.1 有关概念和计算方法

与国际惯例相一致，本书中的集装箱海运量系指扣除空箱和中转二程运输量后的集装箱重箱海运量。由于缺乏相关统计数据，因此，本书中的我国集装箱海运量是需要通过对港口吞吐量进行分析、筛选、计算得到的。具体的计算思路和过程如下：

第一步，将集装箱海运量分为外贸和内贸两大部分；

第二步，以港口国际航线集装箱吞吐量为基础，扣除空箱吞吐量，得到国际航线重箱吞吐量，再结合海关有关的货物进出口统计，经分析得到外贸集装箱海运量；

第三步，以港口国内航线集装箱吞吐量为基础，根据对各港内贸集装箱流量流向的分析，扣除内贸“干－支”中转运量和空箱运量，得到内贸集装箱海运量；

最后，将外贸、内贸集装箱海运量汇总，从而得到我国沿海的集装箱海运量。

2.2.2 集装箱海运量发展情况

依照以上方法，2014 年我国沿海集装箱海运量约为 9095 万 TEU，其中外贸集装箱海运量 7462 万 TEU、内贸集装箱海运量 1632 万 TEU。2000 年以来，我国沿海集装箱海运量的年均增速为 15.6%，其中外贸集装箱海运量年均增长 14.5%、内贸集装箱海运量年均增长

24.5%。

2000 年以来我国集装箱海运量增长变化情况详见表 2-1 和图 2-3。

2000 年以来我国沿海集装箱海运量增长情况

表 2-1

单位:万 TEU

海运量类型		2000 年	2005 年	2010 年	2014 年
集装箱海运量		1198	3722	6870	9095
其中:	外贸海运量	1123	3332	5902	7462
	内贸海运量	76	390	968	1632

数据来源:本次研究测算。

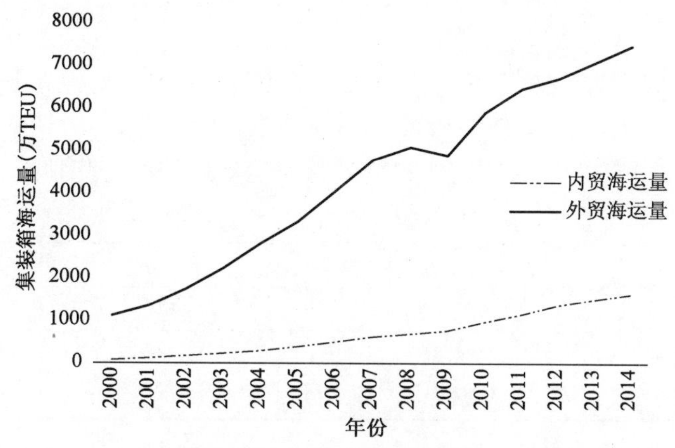

图 2-3 2000 年以来我国沿海集装箱海运量变化情况

数据来源:本次研究测算。

结合前面对全球海运量的分析可知,当前我国外贸集装箱海运量在全球集装箱海运量中所占的比重已经达到了 44%(2013 年),较 2000 年的 17% 提高了 27 个百分点,详见图 2-4。

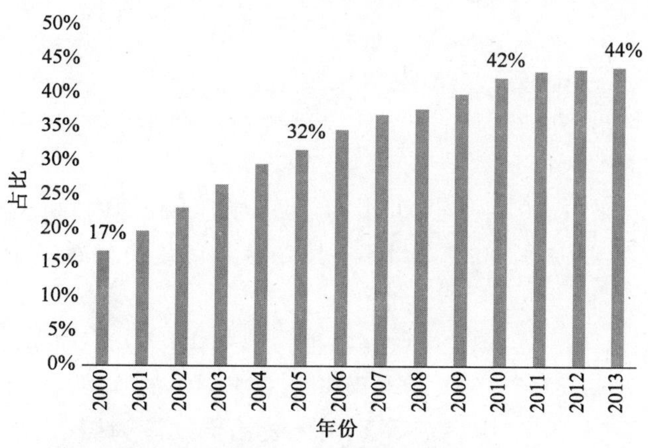

图 2-4 2000 年以来我国沿海外贸集装箱海运量的全球占比

数据来源:本次研究测算。

2.2.3 集装箱海运量的发展特点

当前,我国集装箱海运量发展的主要特点有:

1. 总量规模持续扩张

2000～2014 年,我国集装箱海运量从 1198 万 TEU 增加到 9095 万 TEU,增长了 6.6 倍,年均增速达到了 15.6%。其中,外贸集装箱海运量从 1123 万 TEU 增加到 7462 万 TEU,增长了 5.6 倍,年均增速达到了 14.5%,比同期全球集装箱海运量的平均增速高出 1 倍以上,成为了 21 世纪以来引领全球集装箱运输的主要动力。

2. 内贸箱占比不断提高

2000 年,我国内贸集装箱海运量仅有 76 万 TEU,占当时全部集装箱海运量的 6.3%。之后,内贸集装箱海运量长期以高于外贸的速度增长,2000～2014 年的年均增速达到了 24.5%,比同期外贸集装箱海运量的增速高出了 10 个百分点。2014 年,内贸集装箱海运量达到 1632 万 TEU,占比达到 17.9%,较 2000 年提高了 11.6 个百分点。

3. 增长速度逐步回落

受自身基数扩大以及近年来外贸增速趋缓等因素影响,集装箱海运量增速总体呈现逐步回落的态势。以总量为例,"十五"期的年均增速为 25.4%,"十一五"和"十二五"前 4 年分别下降到了 13.0% 和 7.3%。分内、外贸集装箱海运量增速的变化情况参见表 2-2。

2000 年以来不同时期我国沿海集装箱海运量增速变化情况 表 2-2

海运量类型		"十五"	"十一五"	"十二五"前 4 年
全部集装箱海运量		25.4%	13.0%	7.3%
其中:	外贸海运量	24.3%	12.1%	6.0%
	内贸海运量	38.7%	19.9%	14.0%

数据来源:本次研究测算。

2.3 沿海集装箱吞吐量发展现状

2.3.1 沿海集装箱吞吐量发展现状

2014 年,我国港口共完成集装箱吞吐量 2.01 亿 TEU,其中沿海港口完成 1.91 亿 TEU,占总量的 94.7%。2000～2014 年,沿海港口集装箱吞吐量的年均增速达到了 19.0%(按集装箱总重计算),较同期沿海除集装箱以外其他货物吞吐量的年均增速高 5.9 个百分点,是同期增长最为迅速的货类之一。

从分航线发展情况来看,2014 年沿海国际航线、内支线和国内航线分别完成集装箱吞吐量 1.02 亿 TEU、1771 万 TEU 和 7039 万 TEU,其在沿海集装箱总吞吐量中所占的比重分别达到了 53.8%、9.3% 和 36.9%。

从分港口情况来看,2014 年我国沿海集装箱吞吐量 10 万 TEU 以上的港口共有 44 个,其中 100 万 TEU 以上港口 23 个、500 万 TEU 以上港口 10 个、1000 万 TEU 以上港口 7 个。目前,沿海已经形成了以上海港、深圳港等 8 大集装箱干线港为核心,其他港口为基础的分层次港口布局。2014 年上海港、深圳港、宁波-舟山港、青岛港、广州港、天津港、大连港、厦门港等 8 大干线港共完成集装箱吞吐量 1.45 亿 TEU,占到了全国沿海集装箱总吞吐量的 75.8%。

从分航线分港口发展情况来看,国际航线目前主要集中在干线港。2014 年前面提到的上海港等 8 大干线港共完成国际航线集装箱吞吐量 9510 万 TEU,占沿海全部国际航线集装箱吞吐量的 92.8%。与国际航线相比,国内航线集装箱吞吐量的分布相对较为分散,2014 年内贸航线集装箱吞吐量在 200 万 TEU 以上的沿海港口共有 13 个,当年共完成内贸集装箱吞吐量 5287 万 TEU,占沿海全部内贸集装箱吞吐量的 75.1%。

2014 年沿海集装箱总吞吐量和分航线集装箱吞吐量排名前 20 大港口情况参见表 2-3,按港口计算的吞吐量集中度情况参见表 2-4。

2014 年沿海前 20 大集装箱港口排名 表 2-3

单位:万 TEU

排名	总量		国际航线		国内航线	
	港口	吞吐量	港口	吞吐量	港口	吞吐量
1	上海港	3529	上海港	2575	广州港	966
2	深圳港	2404	深圳港	2076	天津港	660
3	宁波-舟山港	1945	宁波-舟山港	1600	营口港	549
4	青岛港	1658	青岛港	1046	青岛港	515
5	广州港	1639	天津港	730	上海港	489
6	天津港	1406	厦门港	538	大连港	488
7	大连港	1013	广州港	488	苏州港	262
8	厦门港	857	大连港	457	厦门港	250
9	营口港	561	连云港港	247	日照港	234
10	连云港港	501	福州港	85	连云港港	232
11	苏州港	445	中山港	67	宁波-舟山港	223
12	南京港	276	珠海港	48	虎门港	214
13	日照港	242	汕头港	48	南京港	205
14	虎门港	241	苏州港	37	烟台港	191
15	烟台港	236	烟台港	31	泉州港	180
16	福州港	224	虎门港	27	丹东港	163
17	泉州港	188	威海港	25	海口港	126
18	丹东港	167	江门港	23	唐山港	109
19	海口港	135	湛江港	19	深圳港	106
20	汕头港	130	防城港港	18	福州港	92

数据来源:交通运输部。

2014 年沿海港口集装箱吞吐量集中度 表 2-4

市场集中度	集装箱总吞吐量	其中:	
		国际航线	国内航线
CR_2	31.1%	45.4%	23.1%
CR_4	50.0%	71.2%	38.2%
CR_8	75.8%	92.8%	59.4%
CR_{10}	81.4%	96.0%	66.0%

注:CR_n 表示前 n 个港口的集装箱吞吐量之和占沿海全部集装箱吞吐量的比重。

数据来源:交通运输部。

从表 2-4 可知，国际航线和国内航线的市场结构存在明显差别。如从前两大港口的占比情况来看，国际航线前两大港口的占比接近 50%，而国内航线前两大港口的占比还不到 1/4。产生上述差别的主要原因，一是开展国际航线集装箱运输的准入门槛相对较高，而开展内贸航线运输相对较为容易；同时国际航线运输中"干线港-喂给港"的分层次布局更为明显，也导致吞吐量不断向大港集中。

此外，需要指出的是，随着沿海内贸集装箱运输规模的扩大和内贸集装箱船型的大型化，内贸箱的喂给运输也开始快速发展，由此产生了一批内贸航线的干线港。如珠江三角洲沿海的广州港，2014 年其内贸集装箱吞吐量已经接近 1000 万 TEU，内贸转运量的持续扩张已经成为支撑广州港集装箱吞吐量增长的主要因素。

2.3.2 沿海集装箱吞吐量发展特点

21 世纪以来，我国港口集装箱吞吐量发展的主要特点是：

1. 总量规模显著扩大，国际地位不断提升

2000 年以来，尽管经历了百年一遇的国际金融危机，但我国沿海集装箱吞吐量总体上仍呈现出快速增长的发展趋势（参见图 2-2）。2014 年全国沿海集装箱吞吐量达到 19060 万 TEU，与 2000 年相比提高了 7.9 倍，年均增速达到了 16.9%；其中，2000～2008 年的年均增速更是高达 24.3%。目前，集装箱货物总重已经超过了 21 亿 t，先后超过煤炭、矿石等大宗物资，成为沿海第一大货类，其占全国沿海货物总吞吐量的比重为 24.0%，较 2000 年提高了 10.5 个百分点。

随着总量规模的扩大，我国沿海集装箱总量规模和主要集装箱港口的国际地位也不断提升。首先，从总规模来看：2000 年我国沿海集装箱总吞吐量刚刚超过 2000 万 TEU，仅分别为同期美国、欧盟（欧盟 15 国，包括奥地利、比利时、丹麦、芬兰、法国、德国、希腊、爱尔兰、意大利、卢森堡、荷兰、葡萄牙、西班牙、瑞典和英国，下同）的 70% 和 51%。之后，随着总量的快速增长，我国沿海集装箱吞吐量先后于 2002 年和 2005 年超过美国、欧盟。2013 年，沿海集装箱吞吐量达到 1.8 亿 TEU，分别比美国、欧盟高出 304% 和 120%。2000 年以来我国沿海和美国、欧盟港口集装箱吞吐量变化情况参见图 2-5。

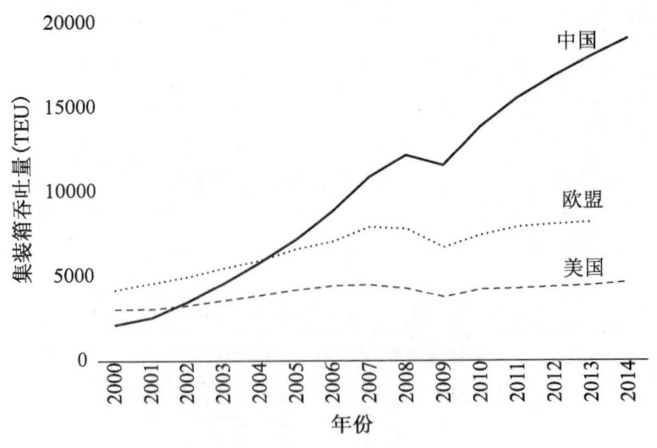

图 2-5　2000 年以来世界主要国家和地区集装箱吞吐量变化情况

数据来源：交通运输部，美国和欧盟相关交通统计。

其次,从主要港口的全球排名来看:2000 年,我国仅上海港进入了全球前 10 大集装箱港口。从我国所在的东亚地区(包括东北亚、东南亚)来看,在区域前 20 大集装箱港口中我国(不含港澳台地区)沿海港口仅有上海港、深圳港、青岛港、天津港和广州港等 5 个。2013 年,在东亚地区的前 20 大港口中,中国(不含港澳台地区)沿海港口的数量达到了 10 个,比 2000 年翻了一倍;同时,各港的排名也显著上升,如上海港和深圳港分别从 2000 年的第 5 位和第 6 位,提高到了 2013 年的第 1 位和第 3 位,参见表 2-5。

东亚地区前 20 大集装箱港口排名　　表 2-5

单位:万 TEU

排名	2000 年		2013 年		2013/2000 增幅
	港口	吞吐量	港口	吞吐量	
1	香港港	1810	上海港	3362	599%
2	新加坡港	1704	新加坡港	3224	189%
3	釜山港	754	深圳港	2328	583%
4	高雄港	743	香港港	2235	123%
5	上海港	561	釜山港	1769	235%
6	深圳港	399	宁波港	1735	1924%
7	巴生港	321	青岛港	1552	732%
8	东京港	290	广州港	1531	1071%
9	丹戎不碌港	248	天津港	1301	762%
10	横滨港	232	大连港	1086	1074%
11	马尼拉港	229	巴生港	1035	323%
12	神户港	227	高雄港	994	134%
13	青岛港	212	厦门港	801	738%
14	林查班港	211	丹戎帕拉帕斯港	763	308%
15	基隆港	195	丹戎不碌港	659	266%
16	名古屋港	191	林查班港	603	286%
17	天津港	171	胡志明港	554	—
18	大阪港	147	连云港港	549	4575%
19	广州港	143	营口港	530	3376%
20	台中港	113	东京港	486	168%

数据来源:IAPH,International Association of Ports and Harbors。

从表 2-5 可以看出,随着我国港口的快速发展,东亚地区集装箱干线港的布局发生了重大调整。其中最突出的变化,一是我国已经成为东亚地区干线港布局最为密集的地区;二是日本集装箱港口在东亚的地位出现了明显下滑。如在 2000 年,日本有东京港、横滨港、神户港、名古屋港和大阪港等 5 个港口进入了东亚前 20 大港口的行列。而到了 2013 年,日本仅有东京港一港进入东亚前 20 大集装箱港口,而且其排名也从 2000 年的东亚地区第 8 位滑落到第20位。

2. 集装箱吞吐量增速逐步放缓,增幅先增后降

与我国沿海集装箱海运量的发展趋势基本一致,2000年以来集装箱吞吐量的增长速度也呈现出逐步回落的趋势。同时,每年的增幅从2011年起也出现了持续回落。2000~2014年沿海集装箱吞吐量增速和增幅变化情况详见表2-6和图2-6。

2000年以来不同时期我国沿海集装箱吞吐量增速变化情况 表2-6

吞吐量类型		"十五"	"十一五"	"十二五"前4年
全部集装箱吞吐量		27.6%	14.0%	8.3%
其中:	外贸吞吐量	25.5%	11.1%	5.2%
	内贸吞吐量	38.8%	23.6%	14.9%

数据来源:交通运输部。

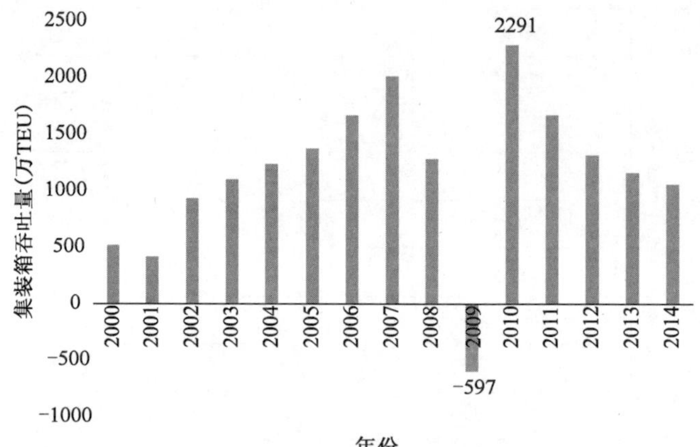

图2-6 2000年以来沿海集装箱吞吐量增幅变化情况

数据来源:交通运输部。

从表2-6可以看出,2000年以来沿海港口集装箱吞吐量的年均增速从"十五"的接近30%下降到"十二五"前4年的8%左右,降幅接近20个百分点;其中,外贸集装箱吞吐量的年均增速更是降至5%左右。从每年增量的变化情况来看(参见图2-6),"十五"呈现持续增大的趋势,从初期一年增长400万~500万TEU到2005年增长了近1400万TEU,平均每年的增量达到1013万TEU,即相当于每年多出一个1000万TEU的集装箱大港。进入"十一五"后,头两年的增量仍旧保持了快速增加的态势,2007年更是达到2000万TEU以上。之后,受国际金融危机的冲击,港口集装箱吞吐量的增量出现了明显下降,2009年还出现了从未有过的负增长,但在2010年又出现了大幅反弹,并创出了2291万TEU的增幅记录。"十二五"以来,集装箱吞吐量的增幅呈现出持续下降的变化趋势,目前基本维持在1000万TEU左右。

从总体来看,2000年以来我国沿海港口集装箱吞吐量增速和增幅的变化呈现出以下变化趋势:

(1)"十五"期是增速和增幅双增长;

(2)"十一五"期是增速下降,增幅出现波动;

(3)"十二五"前4年则是增速、增幅双回落。

结合对国外发达国家港口集装箱吞吐量变化趋势的分析可知,出现多年的吞吐量增速和增幅同步下降往往是港口集装箱运输从持续增长阶段向成熟阶段转变的重要标志。因此,2010年前后可以看成是我国沿海集装箱运输的一个重要转折时点,即逐步进入了高基数、低增速的成熟发展阶段。

3. 吞吐量主要集中在环渤海、长江三角洲和珠江三角洲三大区域

与我国沿海货物运输的总体分布特点类似,环渤海、长江三角洲和珠江三角洲三大区域在我国集装箱运输中占据了绝对主导地位。2014年上述三区域的沿海港口共完成集装箱吞吐量1.75亿TEU,占全国总量的91.6%,参见表2-7。21世纪以来,随着环渤海地区集装箱吞吐量的较快增长,上述三大区域集装箱吞吐量规模从大到小的排序也从长江三角洲、珠江三角洲、环渤海变为了长江三角洲、环渤海、珠江三角洲。

从分阶段主要区域增速变化情况来看:"十五"期沿海各个区域的集装箱吞吐量都保持在20%以上的高速增长,而且区域间的增速相差不大。进入"十一五"期后,各个区域的增长速度均出现了回落,但回落的幅度差别明显。其中,珠江三角洲沿海的增速降幅最大,从"十五"期的接近30%回落到10%左右;其次是长江三角洲沿海,增速从接近30%回落到15%左右;降幅最小的是环渤海,从25%左右下降到17%。"十二五"期以来,各个区域的增速进一步下降,其中珠江三角洲沿海和长江三角洲沿海的增速均放缓到10%以内,仅环渤海地区还保持了12%的两位数增长(表2-7)。

2000年以来沿海分区域集装箱吞吐量及增速变化情况 表2-7

地　区	集装箱吞吐量(万TEU)				年均增速		
	2000年	2005年	2010年	2014年	"十五"	"十一五"	"十二五"前4年
沿海合计	2130	7193	13850	19060	27.6%	14.0%	8.3%
环渤海	532	1611	3544	5622	24.8%	17.1%	12.2%
辽宁沿海	122	378	968	1829	25.4%	20.7%	17.3%
津冀沿海	173	494	1070	1590	23.4%	16.7%	10.4%
山东沿海	237	739	1506	2203	25.5%	15.3%	10.0%
长江三角洲	744	2670	5436	7141	29.1%	15.3%	7.1%
东南沿海	167	493	867	1271	24.2%	12.0%	10.0%
珠江三角洲	671	2360	3833	4694	28.6%	10.2%	5.2%
西南沿海	17	60	171	332	29.4%	23.3%	18.1%

注:根据《全国沿海港口布局规划》,珠江三角洲沿海的范围为广东沿海(不含湛江港);西南沿海的范围为广西、海南沿海港口和湛江港。

从表2-7可知,2000年以来各个主要区域的集装箱吞吐量增速都呈现出逐步放缓的趋势,但不同区域的下降幅度存在明显的差别,主要表现为从南到北降幅逐步收窄。即珠江三角洲的降幅最大、长江三角洲降幅次之、北方环渤海的降幅最小。受其影响,环渤海在全国沿海集装箱运输中所占比重出现了明显增加,而珠江三角洲和长江三角洲沿海的比重均出现下降,且珠江三角洲沿海的占比下降更为明显(表2-8)。

除上述三大区域外,东南沿海和西南沿海集装箱吞吐量总体保持了较快增长的趋势,特别是西南沿海"十二五"前4年的年均增速高达18.1%,成为了同期增长最快的区域。

2000 年以来沿海分区域集装箱吞吐量占比及变化情况 表 2-8

地区	集装箱吞吐量占比				占比变化情况		
	2000 年	2005 年	2010 年	2014 年	“十五”	“十一五”	“十二五”前 4 年
沿海合计	100%	100%	100%	100%			
环渤海	25.0%	22.4%	25.6%	29.5%	-2.6%	3.2%	3.9%
辽宁沿海	5.7%	5.3%	7.0%	9.6%	-0.5%	1.7%	2.6%
津冀沿海	8.1%	6.9%	7.7%	8.3%	-1.2%	0.9%	0.6%
山东沿海	11.1%	10.3%	10.9%	11.6%	-0.9%	0.6%	0.7%
长江三角洲	34.9%	37.1%	39.2%	37.5%	2.2%	2.1%	-1.8%
东南沿海	7.8%	6.8%	6.3%	6.7%	-1.0%	-0.6%	0.4%
珠江三角洲	31.5%	32.8%	27.7%	24.6%	1.3%	-5.1%	-3.0%
西南沿海	0.8%	0.8%	1.2%	1.7%	0.1%	0.4%	0.5%

注:根据《全国沿海港口布局规划》,珠江三角洲沿海的范围为广东沿海(不含湛江港);西南沿海的范围为广西、海南沿海港口和湛江港。

4. 集装箱箱量以国际航线居多,但内贸航线集装箱货重已经超过国际航线

2014 年我国港口国际航线、内支线和内贸航线吞吐量分别为 1.02 亿 TEU、1771 万 TEU 和 7039 万 TEU,其中国际航线、内支线和内贸航线吞吐量所占比重分别为 53.8%、9.3% 和 36.9%。与 2000 年相比国际航线、内支线和内贸航线吞吐量的年均增长速度分别为 13.7%、18.6% 和 26.2%,内贸航线集装箱吞吐量的发展速度明显高于国际航线。

2000 年以来我国沿海分航线集装箱吞吐量变化情况参见表 2-9。

2000 年以来分航线集装箱吞吐量情况 表 2-9

年份	吞吐量(万 TEU)			比重(%)		
	国际航线	内支线	内贸航线	国际航线	内支线	内贸航线
2000	1696	163	271	79.6	7.7	12.7
2005	5334	462	1398	74.1	6.4	19.4
2010	8742	1068	4040	63.1	7.7	29.2
2014	10249	1771	7039	53.8	9.3	36.9

数据来源:交通运输部。

从表 2-9 可知,2000 年以来虽然国际航线集装箱吞吐量持续增长,但其在全部集装箱吞吐量中所占的比重出现了持续下滑,从 2000 年的 79.6% 降至 2014 年的 53.8%,下降幅度接近 26 个百分点,而同期内贸航线所占比重则提高了 24 个百分点以上。从内支线来看,其吞吐量占比则呈现小幅波动上升的变化趋势。

此外,需要特别指出的是,尽管国际航线在箱量上仍明显多于内贸航线,但由于我国内贸航线集装箱的平均货重长期高于国际航线,内贸航线的集装箱货物重量在 2012 年就已经超过了国际航线。以 2014 年为例,国际航线集装箱吞吐量 10249 万 TEU,较内贸航线的 7039 万 TEU 高出 45.6%,但内贸航线集装箱的货重达 9.19 亿 t,比国际航线的 7.40 亿 t 高出了 24.2%,内贸航线货重在沿海全部集装箱货物重量中的占比也达到了 50.7%。2000 年

以来,我国沿海国际航线、内支线和内贸航线集装箱货重变化情况参见图 2-7。

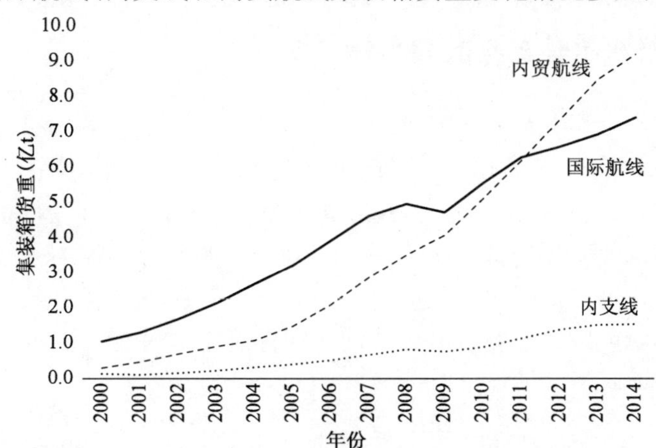

图 2-7　2000 年以来沿海分航线集装箱货重变化情况

数据来源:交通运输部及本次研究测算。

5. 国际航线集装箱货物出口明显多于进口,内支线和内贸航线进出口基本平衡

由于我国长期保持贸易顺差,出口要大于进口;而且与出口货物相比进口货物具有数量少、价值高的特点,因此在国际航线集装箱运输中出口要明显高于进口。以 2014 年为例,沿海国际航线集装箱货重为 7.40 亿 t,其中出口 4.60 亿 t、进口 2.80 亿 t,出口和进口所占比重分别为 62.2% 和 37.8%。在内支线和内贸航线方面,由于其装船、卸船都在国内,二者的进出口货重大体平衡。以内贸航线为例,2014 年其进口和出口的集装箱货重均为 4.60 亿 t 左右。

从箱量来看,受国际航线进出口不平衡的影响,沿海集装箱吞吐量也表现为出口重箱多、进口空箱多的特点。2013 年沿海集装箱吞吐量分航线分进出口重箱占比情况参见图 2-8。

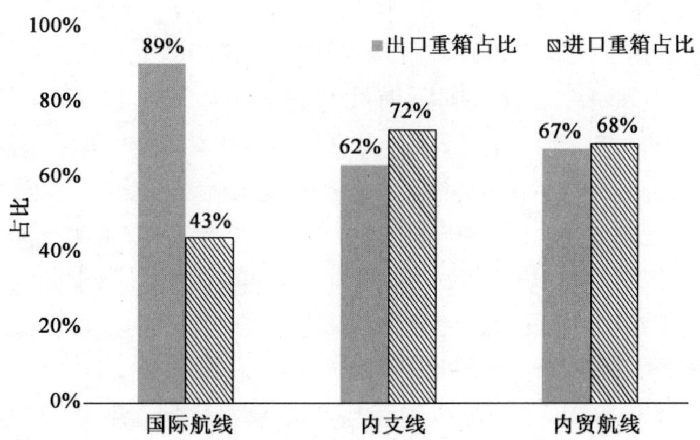

图 2-8　2013 年沿海分航线分进出口重箱占比情况

数据来源:本次研究测算。

从图 2-8 可知,2013 年国际航线出口重箱约 4500 万 TEU,占其全部出口的 89%;而进口重箱仅为 2000 万 TEU 左右,占全部进口的 43%。即在国际航线中,出口的集装箱约九成都是重箱,而进口的集装箱仅 2/5 左右为重箱。内贸航线中,进、出口集装箱吞吐量里重箱占

比大体均在 2/3 左右;内支线则表现为进口集装箱中重箱占比略高于出口。

2.4 沿海分航线集装箱吞吐量发展情况

2.4.1 国际航线

2000 年以来,国际航线的发展可分为两个阶段:2008 年之前经历了高速增长阶段,吞吐量由 1696 万 TEU 增长至 8043 万 TEU,年均增速达 25.8%,年均增量 793 万 TEU;2008 年之后,由于受到金融危机影响,年均增速降为 4.1%,年均增量降至 368 万 TEU。2014 年,沿海国际航线集装箱吞吐量突破 1 亿 TEU,达到 10249 万 TEU,货物重量达到 7.4 亿 t。

我国沿海港口国际航线集装箱吞吐量及增速变化情况见图 2-9。

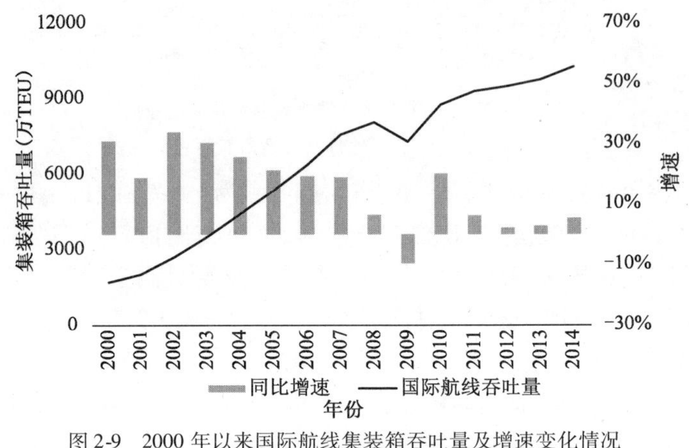

图 2-9 2000 年以来国际航线集装箱吞吐量及增速变化情况

数据来源:交通运输部。

2000 年以来,沿海国际航线集装箱吞吐量发展的特点有:

1. 主要航线表现分化

与我国对外贸易结构相一致,欧洲和美国航线是我国沿海最重要的两条国际航线,其余的主要航线包括中国台湾、新加坡、韩国、日本和中国香港等航线。2014 年,上述主要航线集装箱吞吐量共计 6902 万 TEU,占沿海国际航线总量的 67.3%,较 2005 年年均增长 5.2%。上述主要航线中,欧美两大航线吞吐量 3850 万 TEU,占比达 55.8%。

“十二五”以来,美国、中国台湾航线总体保持平稳较快发展态势,而其余航线增速均有明显回落,有些甚至出现负增长。其中,美国航线年均增长 3.1%,增速与“十一五”期基本持平;中国台湾航线增长 7.9%,较“十一五”期提升 1 个百分点。同期,欧洲航线增速从“十一五”期的 13.4% 回落至“十二五”前四年的 1.4%,新加坡、韩国、日本航线增速分别回落至 5.0%、5.3% 和 2.8%,香港航线表现垫底,年均下降 2.0%。

2005 年、2010 年和 2014 年主要航线集装箱吞吐量变化情况见图 2-10 和表 2-10。

由图 2-10 可知,2005 年以来,随着我国贸易伙伴结构的变化,集装箱主要航线结构也经历了相应的调整。“十一五”期间,欧洲航线占比大幅增加,从 2005 年的 23.6% 增长至 2010 年的 30.7%,扩大幅度超过 7 个百分点,而同期美国航线、香港航线所占比重则分别下降了 5 个和 3 个百分点。“十二五”期以来,欧洲航线增长乏力、占比下降 1 个百分点,香港航线继续下降 2 个百分点。

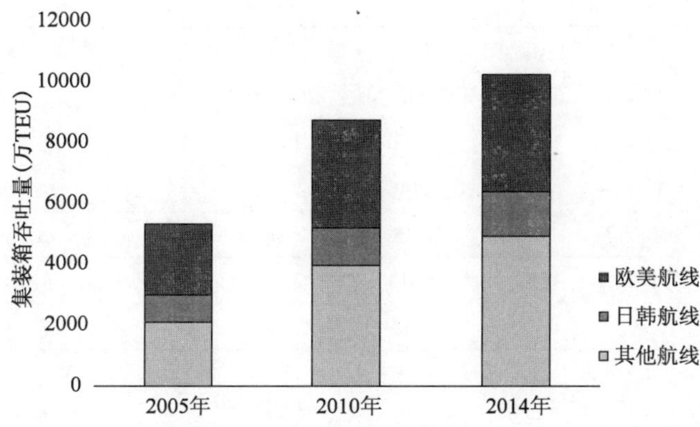

图 2-10　典型年份主要国际航线集装箱吞吐量情况
数据来源:交通运输部。

2000 年以来分航线集装箱吞吐量情况　　表 2-10

单位:万 TEU

年　份	中国香港航线	日本航线	韩国航线	新加坡航线	中国台湾航线	美国航线	欧洲航线
2005	814	528	362	192	142	1314	1034
2010	978	708	547	348	198	1591	1939
2014	902	789	671	422	269	1800	2050

数据来源:交通运输部。

2. 干线港地位进一步强化,但发展态势各异

沿海港口国际航线运输基本由 8 大干线港完成,且受到集装箱船舶大型化、航运联盟等因素影响,干线港的地位仍在逐步增强。2014 年,8 大干线港完成国际航线吞吐量 9510 万 TEU,占沿海港口的比重达到 92.8%,该比重较 2000 年 86.9% 提升近 6 个百分点,干线港在外贸集装箱运输中的枢纽作用进一步提升。

2000 年以来,上海港国际航线吞吐量由 450 万 TEU 增长至 2575 万 TEU,是 8 大干线港中增量最大的港口,年均净增 152 万 TEU;宁波-舟山港国际航线由 71 万 TEU 增长至 1600 万 TEU,在 8 港中增速最快,年均增长达 25.0%。

不同阶段,8 港表现不尽相同。“十五”期间,增长最快的三个港口分别是宁波-舟山港、深圳港、上海港;“十一五”期,排序变为宁波-舟山港、广州港和青岛港;“十二五”期变为宁波-舟山港、广州港和天津港。典型年份八大干线港国际航线吞吐量及增速变化情况见图 2-11 和表 2-11。

2000 年以来国际航线集装箱吞吐量及增长情况　　表 2-11

港　口	集装箱吞吐量(万 TEU)				年 均 增 速		
	2000 年	2005 年	2010 年	2014 年	“十五”	“十一五”	“十二五”前 4 年
大连港	80	206	365	457	20.9%	12.2%	5.7%
天津港	141	347	549	730	19.6%	9.6%	7.4%
青岛港	162	487	961	1046	24.6%	14.5%	2.1%

续上表

港口	集装箱吞吐量(万 TEU)				年均增速		
	2000 年	2005 年	2010 年	2014 年	"十五"	"十一五"	"十二五"前 4 年
上海港	450	1403	2200	2575	25.5%	9.4%	4.0%
宁波-舟山港	71	454	1146	1600	45.1%	20.4%	8.7%
厦门港	106	291	445	538	22.4%	8.8%	4.8%
深圳港	371	1537	2018	2076	32.9%	5.6%	0.7%
广州港	92	175	352	488	13.7%	15.0%	8.5%

数据来源:交通运输部。

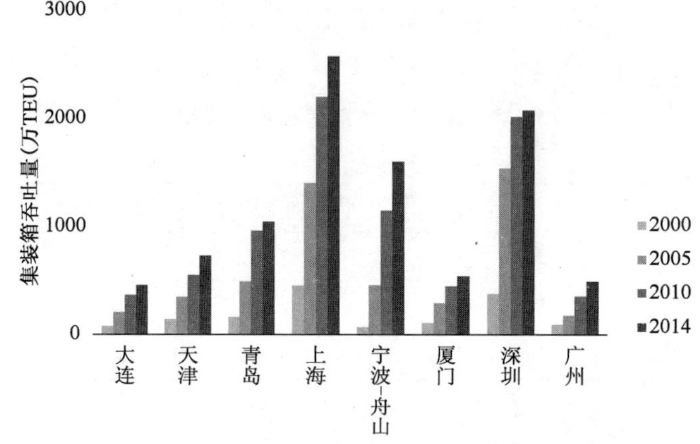

图 2-11 典型年份八大干线港国际航线集装箱吞吐量情况

数据来源:交通运输部。

3. 国际中转箱量稳步增长,各港发展不平衡

"九五"以前,由于我国集装箱运输规模小、航班密度低,沿海港口基本上都处于为境外干线港喂给的地位,港口层次单一。"九五"以来,随着以上海港和深圳港为代表的集装箱干线港的形成,我国"干线港-喂给港"体系也开始建立,原先到境外中转的货物逐步改由境内的干线港运输或中转。

"十五"以来,随着我国港口的水深优势、服务优势以及经济成本等优势不断显现,加之我国贸易大国的优势地位不断增强,沿海港口不仅服务国内箱源,还为国外/境外箱源提供国际中转。国际中转箱运输基本全部由八大干线港完成,规模稳步增长。据不完全统计,2014 年我国沿海港口共完成国际中转集装箱吞吐量 940 万 TEU,是 2005 年的 2.5 倍,年均增速 10.9%。其中,深圳港、上海港、宁波-舟山港国际中转业务发展迅速,国际中转量均在 200 万 TEU 以上,三港占国际中转吞吐量比重高达 86.1%。国际中转箱量的增长表明我国港口在国际航运网络中的地位正不断提升。

如图 2-12 所示,在发展国际中转方面,八大干线港之间存在一定的不平衡性,总体来看,长三角、珠三角区域的港口竞争力较强,环渤海、东南沿海、西南沿海等区域在国际集装箱航运网络中的竞争力相对较弱。不过值得注意的是,进入"十二五"期以来,厦门港、青岛港等港口国际中转增长势头良好。当前,干线港中转规模相较新加坡、香港、釜山等枢纽港依然偏低，仍有较大发展空间。

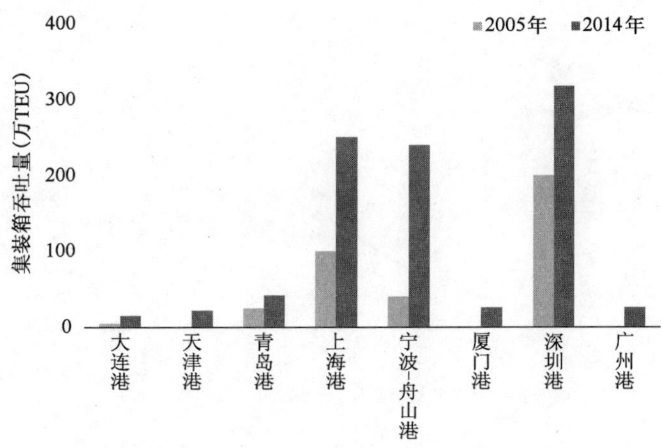

图 2-12　典型年份国际中转集装箱吞吐量完成情况

数据来源：各港公布数据。

4. 国际航线直达运输比例提高，国际航运竞争力有所增强

与 2005 年相比，沿海大部分港口国际航线直达运输比例有所提高。干线港中，上海港、青岛港、宁波-舟山港、厦门港国际航线的直达比例均达到 90% 以上；深圳港和大连港的直达比例超过了 80%；由于大量喂给香港港，广州港的直达比例相对较低，为 32% 左右。但从直达比例的变化情况来看，提高幅度最大的是广州港，较 2005 年提高了近 30 个百分点；其次为深圳港、天津港和青岛港，详见表 2-12。

八大干线港国际航线直达比重变化情况　　表 2-12

港　口	国际航线直达运输比例	
	2005 年	2013 年
大连港	70.0%	78.5%
天津港	86.7%	89.9%
青岛港	89.1%	91.7%
上海港	92.3%	94.6%
宁波-舟山港	93.0%	94.9%
厦门港	89.0%	91.8%
深圳港	80.5%	88.4%
广州港	12.2%	32.3%

数据来源：交通运输部。

2.4.2　国内航线

2000 年以来，随着国内贸易的持续增长、“散改集”的快速发展等利好因素，我国沿海内贸集装箱运输持续快速增长。其中，“十五”期国内航线集装箱吞吐量年均增速高达38.8%，年均增量 225 万 TEU；“十一五”期，增速放缓至 23.6%，年均增量提高至 528 万 TEU；“十二五”期前四年，增速进一步放缓至 14.9%，年均增量达 750 万 TEU。到 2014 年，全国沿海内贸集装箱吞吐量达到7039万TEU，占集装箱总吞吐量的36.9%，参见图2-13。

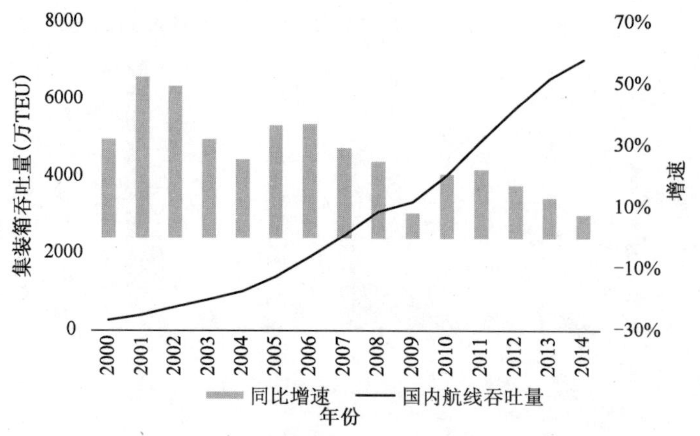

图2-13　2000年以来国内航线集装箱吞吐量及增速变化情况

数据来源：交通运输部。

2000年以来，沿海港口国内航线集装箱吞吐量发展的特点有：

1. 形成了三大内贸集装箱航线

目前，我国国内航线集装箱运输以沿海为主轴、长江和珠江为次轴的格局不断完善，随着船舶大型化趋势和点对点直达运输的发展，初步形成了以环渤海-华南、华东-华南和环渤海-华东等三大内贸干线为主导，长江、珠江流域以及环渤海、西南沿海支线为辅的干支运输网络体系。长江、珠江水系内河港口与区域沿海港口的交流量较快增长（大部分是喂给运输）。此外，京冀沿海与福建、江苏沿江与浙江及广东沿海、广东沿海与北部湾及福建沿海，以及环渤海区域内部的交流活动愈加频繁，交流量稳步增长。

2. 南北货量发展不平衡

南北沿海区域间货物交流量的不平衡性明显，表现为北下货物多、南上货物少，其中华北发往华南和华东地区的重箱量是反方向的2倍左右。这主要是由于南北货源对运输的经济性、时效性和保障性有不同要求，且存在季节性不平衡，导致南下货源多于北上货源。

3. 区域发展不均衡

目前，沿海内贸集装箱运输基本形成了以环渤海、长江三角洲和珠江三角洲三大区域为主体，东南沿海和西南沿海较快发展的分区域发展特点。2014年三大区域完成吞吐量3779万TEU，占总量的75.0%，较2000年的90.7%有所下降，但仍居于主导地位，具体情况见表2-13。

2000年以来沿海分区域国内航线集装箱吞吐量及增速情况　　表2-13

地　区	集装箱吞吐量(万TEU)				年均增速		
	2000年	2005年	2010年	2014年	“十五”	“十一五”	“十二五”前4年
沿海合计	271	1398	4040	7039	38.8%	23.6%	14.9%
环渤海	85	403	1438	3061	36.4%	29.0%	20.8%
辽宁沿海	31	123	543	1287	32.0%	34.6%	24.0%
津冀沿海	27	124	483	824	35.8%	31.2%	14.3%

续上表

地　区	集装箱吞吐量(万 TEU)				年 均 增 速		
	2000 年	2005 年	2010 年	2014 年	“十五”	“十一五”	“十二五”前 4 年
山东沿海	28	156	411	950	41.2%	21.4%	23.3%
长江三角洲	80	449	1151	1710	41.3%	20.7%	10.4%
东南沿海	16	111	290	521	47.3%	21.2%	15.8%
珠江三角洲	83	396	1027	1473	36.8%	21.0%	9.4%
西南沿海	8	39	136	273	37.6%	28.1%	19.2%

注:根据《全国沿海港口布局规划》,珠江三角洲沿海的范围为广东沿海(不含湛江港);西南沿海的范围为广西、海南沿海港口和湛江港。

4. 水网地区干-支运输发达

五大区域港口群中,长三角、珠三角区域由于处于水网地区,在内贸集装箱运输中已逐步形成了较为发达的干-支网络体系。其中,长三角地区的上海港、苏州太仓港,以及珠三角地区的广州港等港口利用其通江达海的优越地理位置,承担了长江、珠江水网地区的水水中转功能,成为该区域的内贸枢纽港。

在环渤海、西南沿海、浙江沿海等区域,如营口港、大连港、厦门港等利用自身密集的航线航班优势,以及内外贸同船运输政策加大了对国内航线的集聚作用,也初步形成了干线港-喂给港的运输格局,促进了该区域水水中转比例的提升。

5. 百万标箱以上港口不断增加,市场集中度下降

2000 年以来,沿海各港口纷纷加快内贸集装箱业务的发展,但国际航线主要集中在 8 大干线港,内贸集装箱运输呈现分散化发展态势,市场集中度相对较低。2014 年,前 10 名港口完成吞吐量 4644 万 TEU,占沿海港口比重为 66.0%,较 2000 年下降 15 个百分点,具体情况见表 2-14。

国内航线集装箱吞吐量前 10 大港口变化情况　　表 2-14

单位:万 TEU

序号	2000 年		2005 年		2010 年		2014 年	
1	广州港	51	广州港	287	广州港	841	广州港	966
2	上海港	30	上海港	251	天津港	433	天津港	660
3	深圳港	27	天津港	114	上海港	377	营口港	549
4	天津港	25	青岛港	98	营口港	325	青岛港	515
5	青岛港	21	营口/深圳	72	苏州港	215	上海港	489
6	大连港	17	泉州港	60	青岛港	187	大连港	488
7	宁波-舟山港	16	宁波-舟山港	49	泉州港	129	苏州港	262
8	营口港	12	苏州港	37	宁波-舟山港	121	厦门港	250
9	泉州港	11	烟台港	36	烟台港	118	日照港	234
10	南通港	8	连云港港	35	大连港	117	连云港港	232

数据来源:交通运输部。

2014 年,国内航线集装箱吞吐量超过 100 万 TEU 的港口达到 19 个,吞吐量规模为 6161

万 TEU。从区域分布来看,19 个港口中环渤海占 8 个,华东、华南各占 5 个和 6 个,吞吐量规模分别为 2908 万 TEU、1411 万 TEU 和 1842 万 TEU,北方港口居于相对主导地位。

2.4.3 内支线

在我国沿海港口国际航线运输不断增长、网络不断完善的同时,我国沿海内支线集装箱吞吐量实现快速增长。其中,“十五”期,内支线吞吐量年均增速高达 23.2%,年均增量 60 万 TEU;“十一五”期,增速降为 18.3%,年均增量翻翻,达到 121 万 TEU;“十二五”期前四年,增速进一步放缓至 13.5%,年均增量则增长至 176 万 TEU。

2014 年,沿海共完成内支线吞吐量 1771 万 TEU,占沿海集装箱吞吐量的比重为 9.3%,货物重量达到 1.5 亿 t,参见图 2-14。

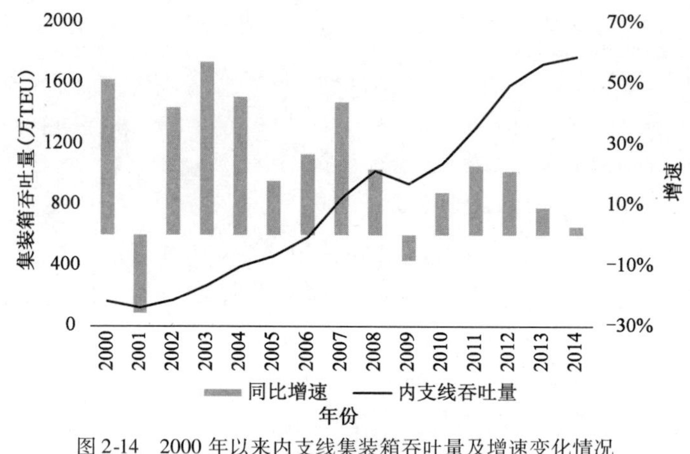

图 2-14 2000 年以来内支线集装箱吞吐量及增速变化情况

数据来源:交通运输部。

2000 年以来,我国沿海港口干-支体系及内支线发展情况与特点如下:

从沿海各区域干-支运输体系来看,目前在长三角地区、珠三角地区分别形成了格局较为清晰、组织较为完善的集装箱干-支运输网络。

长三角地区形成上海港、宁波-舟山港“一主一辅”的双核心格局。其中:上海港主要服务长江沿线地区和浙江省部分地区,还有少量中转箱量来自北方港口。2014 年上海港为其他港口中转 464 万 TEU,来自长三角、长江中上游和北方港口的箱量分别占 45%、35% 和 15%。宁波-舟山港以服务浙江本省为主,少量服务长江沿线地区,中转规模约 120 万 TEU。

依托珠江水网,珠江三角洲地区也形成了以香港、深圳为双核心的基本格局,中转规模超过 1000 万 TEU。其中,珠三角地区外贸中转集装箱约 80% 以上都集中在香港;深圳港的中转份额相对较小,同时自身还承担一定规模喂给香港的运输量。

第3章　沿海分区域集装箱吞吐量

目前，我国水路集装箱运输基本形成了以环渤海、长江三角洲和珠江三角洲3大区域为主，东南沿海、西南沿海和其他内河为辅的大格局。考虑到环渤海区域港口众多，而且由于服务腹地的不同，形成了辽宁沿海、津冀沿海和山东沿海3个相对独立的港口群。因此，本书将我国沿海大体分为辽宁沿海、津冀沿海、山东沿海、长江三角洲、东南沿海、珠江三角洲和西南沿海7个港口群。各地区沿海港口集装箱运输发展情况如下：

3.1　辽宁沿海

3.1.1　总体发展情况

辽宁沿海港口集装箱运输主要服务于我国东三省及蒙东等地区。2000年以来，辽宁沿海集装箱吞吐量实现较快增长，年均增速21.3%，是环渤海地区增速最快的区域，从全国来看仅次于西南沿海。2014年，辽宁沿海港口共完成集装箱吞吐量1829万TEU，占全国沿海港口总量的比重由2000年的5.7%提升至9.6%。

分航线来看，辽宁沿海国际航线集装箱吞吐量465万TEU，内支线77万TEU，国内航线1287万TEU，2000年以来年均增速分别为12.8%、21.7%、30.6%，平均每年净增27万TEU、5万TEU和90万TEU，内贸箱已经成为辽宁沿海集装箱吞吐量增长最重要的推动力。

2000年以来辽宁沿海地区集装箱吞吐量发展情况参见表3-1和图3-1。

2000年以来辽宁沿海集装箱吞吐量增长情况　　表3-1

港　口	集装箱吞吐量(万TEU)				年均增速		
	2000年	2005年	2010年	2014年	"十五"	"十一五"	"十二五"前4年
辽宁沿海合计	122	378	968	1829	25.4%	20.7%	17.3%
大连港	101	269	526	1013	21.6%	14.4%	17.8%
营口港	16	79	334	561	38.1%	33.5%	13.9%
丹东港	4	10	32	167	18.6%	25.6%	51.2%
锦州港	1	20	75	88	92.1%	30.3%	3.9%

数据来源：交通运输部。

3.1.2　主要特点

当前，辽宁沿海集装箱运输发展的主要特点有：

1. 内贸集装箱吞吐量规模大、占比高

目前，辽宁沿海的内贸箱吞吐量规模居环渤海地区之首，也是全国内贸箱占比最高的区域。2000年，辽宁沿海内贸箱吞吐量为17万TEU，尚低于津冀沿海和山东沿海等地，占自身集装箱吞吐总量的比重也仅为25.2%。在过去的10余年里，有赖于腹地和我国其他区域货物交往的日益密切，以及粮食、化肥等散货装箱比例的大幅提升，辽宁沿海内贸箱持续高速增长，2014 年达到 1287 万 TEU，占其集装箱总量的比重高达 70.3%（表 3-2）。

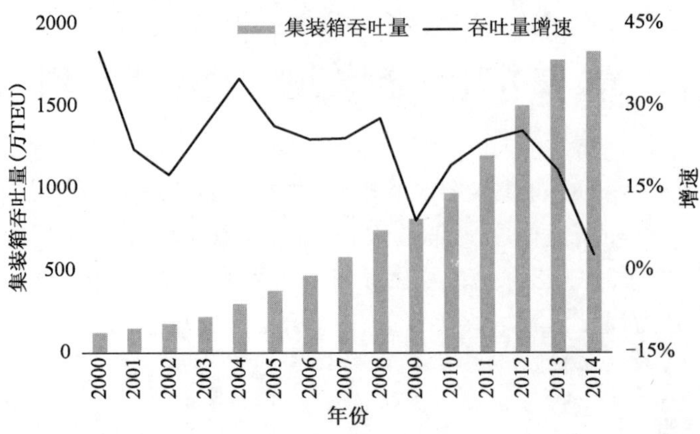

图 3-1　2000 年以来辽宁沿海集装箱吞吐量变化情况

数据来源：交通运输部。

2000 年以来辽宁沿海国内航线集装箱吞吐量占比变化情况　　表 3-2

港　口	国内航线集装箱吞吐量占比			
	2000 年	2005 年	2010 年	2014 年
辽宁沿海合计	25.2%	32.5%	56.2%	70.3%
大连港	17.2%	10.4%	22.3%	48.2%
营口港	77.4%	91.3%	97.4%	97.8%
丹东港	18.9%	32.1%	82.8%	97.2%
锦州港	35.9%	98.9%	98.5%	99.1%

数据来源：交通运输部。

分港口来看，目前内贸集装箱运输主要由营口港、大连港完成，此外丹东港、锦州港也承担了少量内贸箱运输任务。

2. 外贸集装箱吞吐量集中在大连港

2000 年以来，辽宁沿海国际航线吞吐量由 65 万 TEU 增长至 465 万 TEU，年均增速 12.8%，但国际航线集装箱吞吐量占比由 70.8% 下降至 25.4%。目前，该区域外贸集装箱运输几乎全部集中在大连港。2014 年，大连港完成国际航线集装箱吞吐量 457 万 TEU，占辽宁沿海总量的 98.2%；其余少量由丹东港、营口港完成。

3. 国际航线以日韩、欧洲航线为主

辽宁沿海港口的国际航线主要是与日韩、欧洲港口间的集装箱运输。2014 年，辽宁沿海港口完成日韩航线集装箱吞吐量 202 万 TEU，占该区域国际航线的比重为 43.4%，明显高于全国水平；同时，完成欧洲航线吞吐量 124 万 TEU，占区域国际航线的比重为 26.7%。

3.2　津冀沿海

3.2.1　总体发展情况

津冀沿海港口腹地覆盖京津冀等华北及西北广大地区。2000 年以来，津冀沿海集装箱吞吐量保持较好的增长态势，年均增速17.2%，年均增量101万TEU。2014年，津冀沿海港口共完成集装箱吞吐量1590万TEU，占全国沿海的比重由2000年8.1%微升至2014年8.3%。

分航线来看，2014年津冀沿海港口完成国际航线集装箱吞吐量737万TEU，内支线28万TEU，国内航线824万TEU，2000年以来年均增速分别为12.5%、13.9%、27.7%，平均每年净增箱量分别为43万TEU、2万TEU和57万TEU。

2000年以来津冀沿海地区集装箱吞吐量发展情况参见表3-3和图3-2。

2000年以来津冀沿海集装箱吞吐量增长情况　　表3-3

港　　口	集装箱吞吐量(万TEU)				年均增速		
	2000年	2005年	2010年	2014年	"十五"	"十一五"	"十二五"前4年
津冀沿海合计	173	494	1070	1590	23.4%	16.7%	10.4%
天津港	171	480	1009	1406	23.0%	16.0%	8.7%
秦皇岛港	1	11	34	41	50.8%	26.5%	5.1%
黄骅港				31	—	—	—
唐山港	1	4	28	111	41.1%	51.1%	41.5%

数据来源：交通运输部。

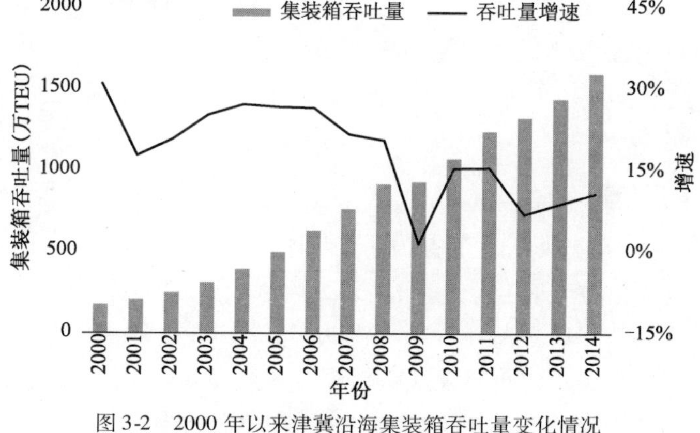

图3-2　2000年以来津冀沿海集装箱吞吐量变化情况

数据来源：交通运输部。

3.2.2　主要特点

当前，津冀沿海集装箱运输发展的主要特点有：

1.吞吐量主要集中在天津港

津冀沿海内、外贸集装箱运输均主要集中在天津港，也是我国沿海各区域内单港集聚程度最高的地区。2000年，天津港国际航线、内支线和国内航线集装箱吞吐量占津冀沿海的比重分别为100.0%、87.1%和94.4%。之后，随着河北沿海港口的逐步发展，天津港所占份额出现不同程度的下降，但主体地位依然突出。2014年，天津港在津冀沿海国际航线、内支线和国内航线中占比分别为99.1%、57.3%和80.0%。

2.河北港口内贸集装箱吞吐量快速增长

河北省港口集装箱运输的总体体量较小，但近年来发展速度加快，成为津冀沿海的新增长点。2000年以来，河北沿海集装箱吞吐量由2.0万TEU增长至184万TEU，其中内贸集装箱由 1.4 万 TEU 增长至 165 万 TEU,是推动河北沿海集装箱运输快速发展的主要动力。

分港口来看,不同阶段河北沿海三港集装箱运输发展态势不尽相同。秦皇岛港"十五"、"十一五"期增长较快,但近几年增速有所放缓。唐山港"十一五"期以来增长加快,并在"十二五"期超越河北其他港口。黄骅港随着"十二五"期专业化集装箱码头投产,近几年开始加速增长,参见图 3-3。

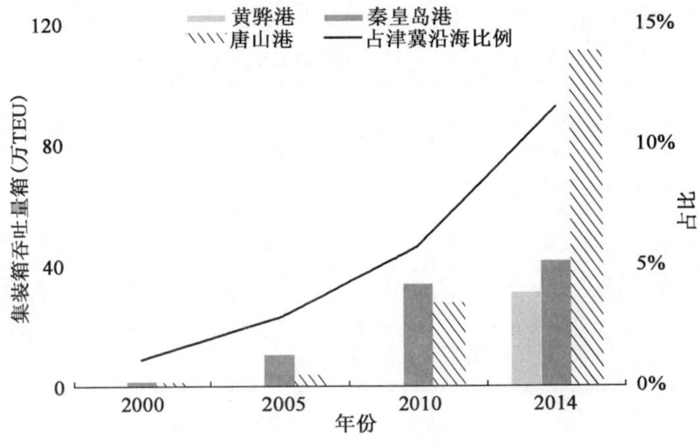

图 3-3　2000 年以来河北港口集装箱吞吐量变化情况

数据来源:交通运输部。

3.3　山东沿海

3.3.1　总体发展情况

山东沿海集装箱运输以服务山东省为主,同时辐射河北、河南、山西等内陆省市。2000 年以来,山东沿海集装箱吞吐量实现较快增长,年均增速 17.3%,年均净增量 140 万 TEU。2014 年,山东沿海港口共完成集装箱吞吐量 2203 万 TEU,占环渤海区域的 39.2%,占全国沿海的比重由 2000 年的 10.7% 提升至 11.6%。

分航线来看,2014 年山东沿海国际航线集装箱吞吐量 1105 万 TEU,内支线 149 万 TEU,国内航线 950 万 TEU,2000 年以来年均增速分别为 13.8%、12.3%、28.7%。与环渤海其他两个区域相比,山东沿海是国际航线集装箱吞吐量增长速度最快、增幅最大的区域。2000 年以来山东沿海地区集装箱吞吐量发展情况参见表 3-4 和图 3-4。

2000 年以来山东沿海集装箱吞吐量增长情况　　表 3-4

港　口	集装箱吞吐量(万 TEU)				年均增速		
	2000 年	2005 年	2010 年	2014 年	"十五"	"十一五"	"十二五"前 4 年
山东沿海合计	237	739	1506	2203	25.5%	15.3%	10.0%
青岛港	212	631	1201	1658	24.4%	13.8%	8.4%
日照港	4	21	106	242	43.3%	37.8%	22.9%
烟台港	17	69	154	236	32.7%	17.3%	11.2%
威海港	5	17	44	67	28.6%	21.0%	11.0%

数据来源:交通运输部。

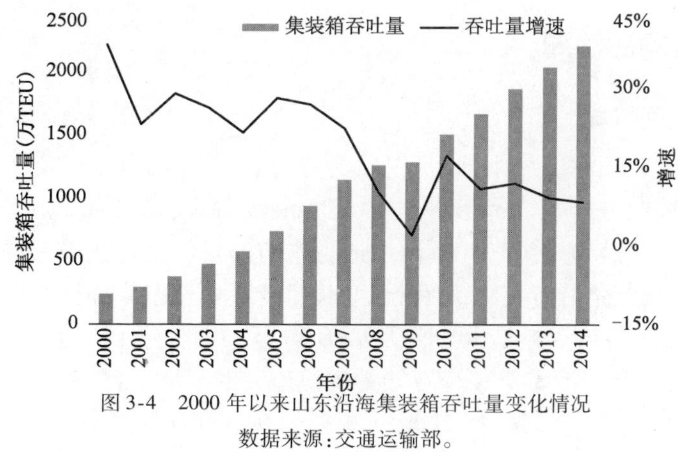

图 3-4　2000 年以来山东沿海集装箱吞吐量变化情况

数据来源:交通运输部。

3.3.2　发展特点

当前,津冀沿海集装箱运输发展的主要特点有:

1. 集装箱运输以青岛港为主

长期以来,青岛港始终在山东沿海集装箱运输中占据主体地位。2014 年,青岛港集装箱吞吐量 1658 万 TEU,占山东沿海的 75.3%。其中,国际航线、内支线、国内航线分别为 1046 万 TEU、97 万 TEU、515 万 TEU,分别占山东沿海的 94.7%、65.6% 和 54.2%;与 2000 年相比,青岛港国际航线占比提升 4.6 个百分点,而内支线、国内航线占比分别下降了 33.5 个和 20.4 个百分点。

2. 其他港口发展迅速

近年来,山东其他港口取得较快发展。日照港现状吞吐量 242 万 TEU,97% 以上是内贸集装箱。烟台港完成 236 万 TEU,以内贸箱为主(81%),兼有部分外贸集装箱。威海港目前以外贸箱运输为主,2014 年全港吞吐量 67 万 TEU,其中外贸箱占 85%。

3. 外贸箱规模较大,欧美航线占比较高

山东沿海是环渤海地区国际航线集装箱运输规模最大的区域。2014 年,山东沿海完成国际航线吞吐量 1105 万 TEU,分别是辽宁沿海、津冀沿海的 2.4 和 1.5 倍。其中,欧洲、美国航线分别完成 306 万 TEU、192 万 TEU,占环渤海区域欧美航线的比重分别为 46.2% 和 56.7%,参见图 3-5。

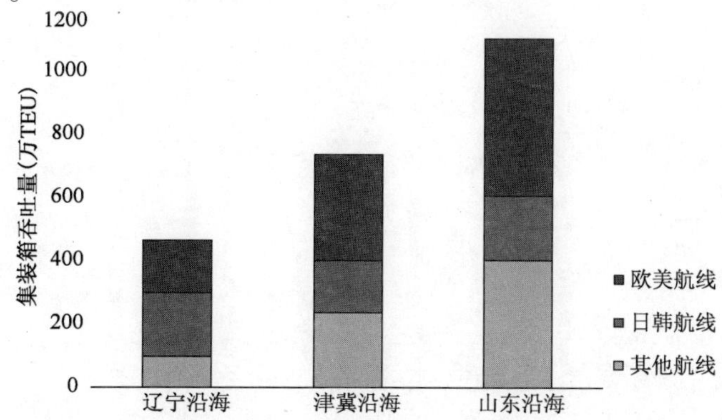

图 3-5　2014 年环渤海三大区域主要国际航线集装箱吞吐量构成

数据来源:交通运输部。

3.4 长江三角洲沿海

3.4.1 总体发展情况

长三角地区位于我国海岸线中部,是中国沿海与长江“黄金水道”交汇处。长三角沿海港口集装箱运输主要服务于长三角及长江中上游沿线省市,直接腹地为长三角的上海、江苏、浙江二省一市,间接腹地则沿长江黄金水道自东向西延伸至长江中上游地区各省市。

“十五”期以来,长三角沿海集装箱吞吐量总体呈持续增长态势,但增速波动回落。2000～2014年,长三角沿海集装箱吞吐量由744万TEU增至7141万TEU,年均增速17.5%,年均净增量457万TEU,是全国沿海集装箱吞吐量规模最大的区域。目前,长三角沿海集装箱吞吐量占全国沿海的比重为37.5%,比2000年提升2.6个百分点。

分航线来看,2014年长三角沿海国际航线集装箱吞吐量4470万TEU,内支线961万TEU,国内航线1710万TEU,2000年以来年均增速分别为16.3%、15.8%、24.5%,参见表3-5和图3-6。

2000年以来长三角沿海集装箱吞吐量增长情况 表3-5

港　　口	集装箱吞吐量(万TEU)				年 均 增 速		
	2000年	2005年	2010年	2014年	“十五”	“十一五”	“十二五”前4年
长三角沿海合计	744	2670	5436	7141	29.1%	15.3%	7.1%
上海港	561	1808	2907	3529	26.4%	10.0%	5.0%
宁波-舟山港	92	526	1315	1945	41.7%	20.1%	10.3%
连云港港	12	101	387	501	52.9%	30.9%	6.6%
苏州港	20	75	364	445	30.8%	37.1%	5.1%
南京港	20	61	145	276	24.5%	19.2%	17.4%
嘉兴港		1	35	116	—	89.4%	34.8%
其他港口	39	98	283	329	20.2%	23.6%	3.8%

注:表中所列为2014年集装箱吞吐量高于100万TEU的港口。

数据来源:交通运输部。

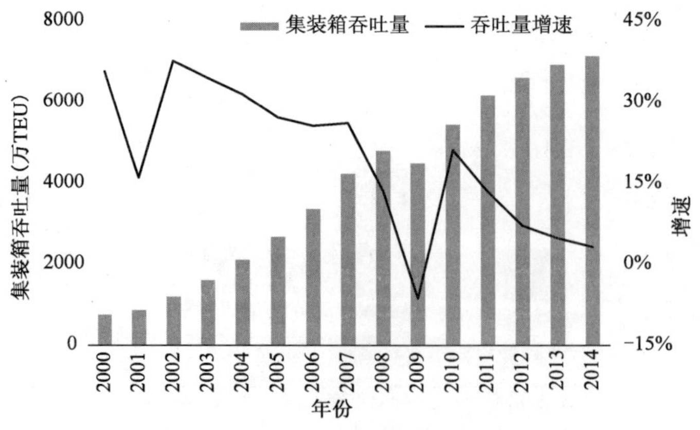

图3-6 2000年以来长三角沿海集装箱吞吐量及增速变化情况

数据来源:交通运输部。

3.4.2　发展特点

当前,长江三角洲沿海集装箱运输发展的主要特点是:

1. 规模大、地位突出

依托上海、江苏、浙江等腹地发达的经济和对外贸易,长江三角洲沿海集装箱吞吐量已经位居我国沿海各港口群之首。"十五"期,长三角沿海集装箱运输保持了持续快速增长,并且增速要高于环渤海和珠三角,其占全国沿海集装箱总吞吐量的比重也从 2000 年的 34.9% 提高到 2005 年的 37.1%。"十一五"期,长三角继续保持年均 15.3% 的高速增长,到 2010 年在全国沿海的占比进一步提升至 39.2%。"十二五"期,长三角的增速回落至 7.1%,在全国沿海的占比也出现了回落,2014 年降至 37.5%,但同期其国际航线集装箱吞吐量在全国沿海的占比从"十一五"末的 41.6% 增至 43.6%。

2. 国际航线吞吐量快速增长

2000 以来,长三角沿海国际航线集装箱保持快速增长,由 542 万 TEU 增长至 4470 万 TEU,是同期我国沿海国际航线集装箱运输发展最快的区域(图 3-7)。2014 年,长三角国际航线占全国沿海国际航线的比重高达 43.6%,远高于其他区域。

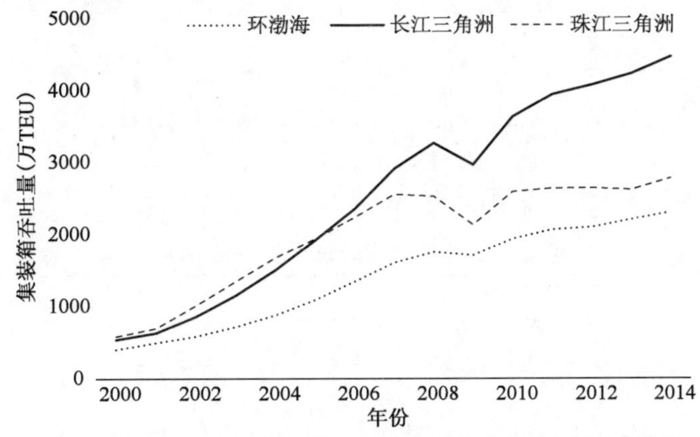

图 3-7　2000 年以来沿海主要区域国际航线集装箱吞吐量变化情况

数据来源:交通运输部。

3. 内支线比例高

该区域拥有长江黄金水道和长三角水网等得天独厚的航运条件,是我国集装箱内支线占比最高的地区。随着腹地经济贸易的持续发展,以及区域航运、港口条件的不断完善,长江流域的集装箱江海联运规模不断增大,有力地支撑了整个区域内支线运输的发展。2014 年,长三角地区港口合计完成内支线 961 万 TEU,占该区域港口集装箱吞吐量的比重达到 13.5%,位居沿海各个区域之首(图 3-8)。

4. 干线港布局日趋完善

目前,长江三角洲沿海的干线港布局已经从以上海港为主逐步发展成为以上海港为主、宁波-舟山港为辅的格局。而且近年来,随着宁波-舟山港的快速增长,上海港所占比重有所下降。2014 年,上海港完成集装箱吞吐量 3529 万 TEU、宁波-舟山港 1945 万 TEU,分别占区域总量的 49%、27%。

在国际航线方面,2014 年上海港和宁波-舟山港完成的吞吐量分别占到了整个港口群的

58%和36%,其中上海港比重较2005年下降15个百分点,宁波-舟山港比重提升12个百分点。在内支线方面,作为长江流域最大的江海联运中转港,上海港的内支线吞吐量占整个区域的48%,虽然较2005年下降了4个百分点,但地位依然突出。在国内航线方面,由于内贸集装箱运输对成本更加敏感,导致就近运输的比例不断提高,港口布局总体呈现分散化的趋势。如2005年以来上海港国内航线集装箱吞吐量在整个港口群中所占比重大幅下降27个百分点。

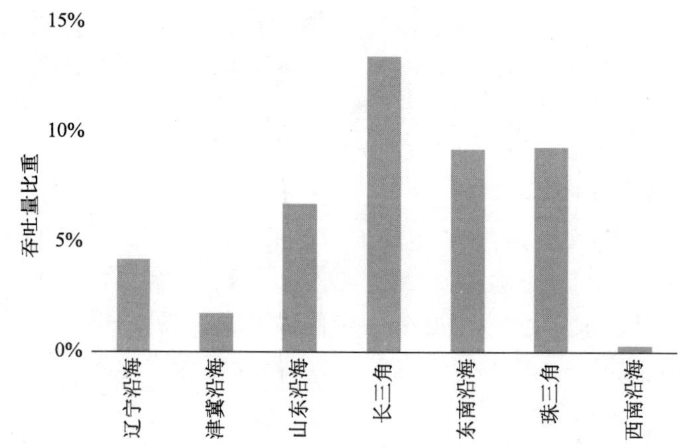

图3-8　2014年各区域内支线占该区域吞吐量比重情况

数据来源:交通运输部。

2005年以来主要港口分航线吞吐量比重变化情况参见表3-6。

区域港口分航线吞吐量比重变化情况　　表3-6

港　口	2005年				2014年			
	合计	国际	内支	内贸	合计	国际	内支	内贸
上海港	68%	73%	52%	56%	49%	58%	48%	29%
宁波-舟山港	20%	24%	8%	11%	27%	36%	13%	13%
苏州港	3%	0%	11%	8%	6%	1%	15%	15%
连云港港	4%	3%	4%	8%	7%	5%	2%	14%
其他港口	6%	0%	24%	17%	10%	0%	22%	29%

数据来源:交通运输部。

3.5　东南沿海

3.5.1　总体发展情况

东南沿海港口群位于长三角和珠三角港口群之间,与台湾省隔海峡相望。集装箱运输腹地以福建省为主,兼顾江西等周边地区。2000年以来,东南沿海集装箱吞吐量实现较快增长,年均增速15.6%,年均净增长79万TEU。“十五”期,东南沿海年均增速24.2%,年均增量65万TEU;“十一五”期,年均增速放缓至12.0%,年均增长75万TEU;“十二五”前四年,增速为10.0%,增量进一步提高至101万TEU。2014年,东南沿海港口完成集装箱吞吐量1271万TEU,占全国沿海港口的比重为6.7%,该比重较2000年的7.8%下降1.2个百分点。分航线来看，国际航线吞吐量 632 万 TEU，内支线 117 万 TEU，内贸箱 521 万 TEU，2000 年以来年均增速分别为 10.8%、42.5%、28.3%。

2000 年以来东南沿海地区集装箱吞吐量发展情况参见表 3-7 和图 3-9。

2000 年以来东南沿海集装箱吞吐量增长情况　　表 3-7

港　口	集装箱吞吐量(万 TEU)				年 均 增 速		
	2000 年	2005 年	2010 年	2014 年	"十五"	"十一五"	"十二五"前 4 年
东南沿海	167	493	867	1271	24.2%	12.0%	10.0%
厦门港	110	348	582	857	25.2%	11.7%	10.1%
福州港	40	80	147	224	15.0%	12.8%	11.1%
泉州港	16	63	137	188	31.8%	16.7%	8.3%
其他港口	1	1	1	2	0.0%	-1.6%	9.1%

注：厦门港、福州港采用目前统计口径，即厦门港包括原厦门港、漳州港；福州港包括原福州港、宁德港。
数据来源：交通运输部。

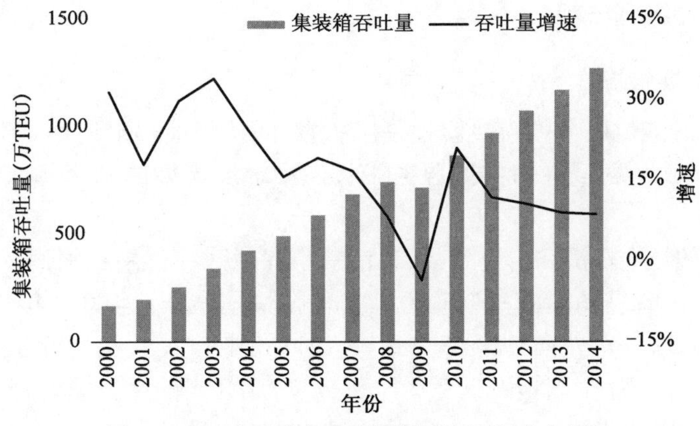

图 3-9　2000 年以来东南沿海集装箱吞吐量变化情况
数据来源：交通运输部。

3.5.2　发展特点

当前，东南沿海集装箱运输发展的主要特点是：

1. 干线港所占比重相对偏低

厦门港是东南沿海的集装箱干线港。2014 年，厦门港完成集装箱吞吐量 857 万 TEU，占东南沿海的 67.5%。其中，厦门港国际航线吞吐量 538 万 TEU，占比为 85.1%。相较其他沿海港口群，干线港在东南沿海的相对较低(图 3-10)。

同期，福州港完成吞吐量 224 万 TEU，占东南沿海的 17.6%；其中国际航线 85 万 TEU、内支线 47 万 TEU、内贸航线 92 万 TEU，分别占东南沿海的 13.4%、40.0% 和 17.7%；泉州港完成吞吐量 188 万 TEU、占区域 14.8%，其内贸航线完成 180 万 TEU、占区域的 34.4%。

2. 国际航线以欧美和中国台湾航线为主

与腹地贸易结构相适应，东南沿海的集装箱国际航线主要集中在中国台湾、美国和欧洲三方面。2014 年，上述三条航线占东南沿海国际航线集装箱吞吐量的比重达到 65.9%。其中，中国台湾航线占比 13.0%，明显高于全国沿海的平均水平 2.6%。目前，全国沿海台湾航线集装箱吞吐量的1/3左右都集中在东南沿海。

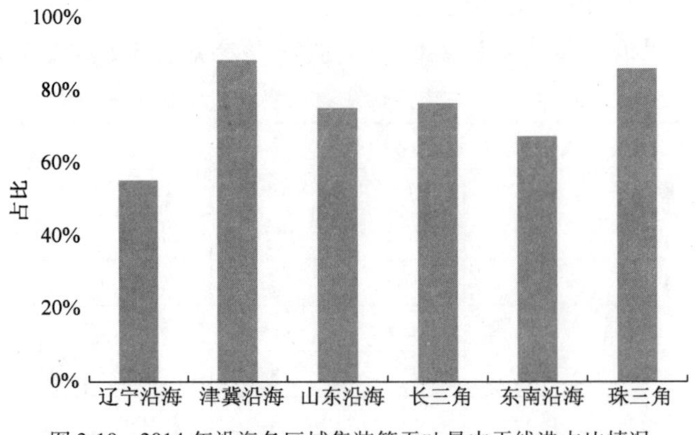

图3-10　2014年沿海各区域集装箱吞吐量中干线港占比情况
数据来源:交通运输部。

3.6　珠江三角洲沿海

3.6.1　总体发展情况

珠江三角周沿海港口服务的直接腹地是广东省,间接腹地辐射广西、福建、云南、贵州等周边省份,同时与长三角区域港口共同服务于长江中上游流域的湖南、湖北、江西、安徽、四川、重庆等省市。

依托腹地发达的社会经济和对外贸易,珠江三角洲地区一直是我国集装箱运输最为繁忙的区域。2000年以来,珠三角沿海集装箱吞吐量保持快速增长,至2008年年均增长23.3%。2008年金融危机后,珠三角外向型经济受到较大冲击,港口集装箱吞吐量年均增速下滑至4.6%(2008~2014年),比全国增速低3.2个百分点,成为当前增长速度最慢的区域。

2014年,珠三角沿海港口完成集装箱吞吐量4694万TEU,占全国沿海总量的24.6%,较2000年的31.5%下降6.9个百分点。分航线来看,其国际航线吞吐量2783万TEU,内支线438万TEU,国内航线1473万TEU,2000年以来年均增速分别为11.8%、56.3%、22.9%。2000年以来珠三角沿海集装箱吞吐量发展情况参见表3-8和图3-11。

2000年以来珠三角沿海集装箱吞吐量增长情况　　表3-8

港　口	集装箱吞吐量(万TEU)				年均增速		
	2000年	2005年	2010年	2014年	"十五"	"十一五"	"十二五"前4年
珠三角沿海合计	670	2360	3833	4694	28.6%	10.2%	5.2%
汕头港	11	37	94	130	26.4%	20.5%	8.7%
深圳港	399	1620	2251	2404	32.3%	6.8%	1.7%
虎门港	13	17	24	241	5.2%	7.4%	77.4%
广州港	143	468	1255	1639	26.8%	21.8%	6.9%
珠海港	31	48	70	118	8.8%	8.0%	13.7%
其他港口	73	170	139	162	18.4%	-3.9%	3.9%

注:表中所列为2014年集装箱吞吐量高于100万TEU的港口。
数据来源:交通运输部。

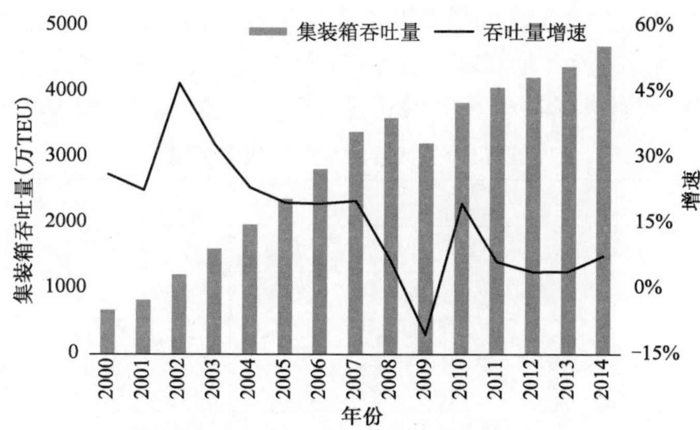

图3-11 2000年以来珠三角沿海集装箱吞吐量及增速变化情况

数据来源:交通运输部。

3.6.2 发展特点

当前,珠江三角洲沿海港口集装箱运输发展的主要特点是:

1. 总量规模大、地位突出

从绝对量来看,2014年珠三角沿海集装箱吞吐量达到4694万TEU,占全国沿海的比重为24.6%,在七大区域中居第二位。与货物吞吐量占比相比较,珠三角集装箱吞吐量在全国沿海中的比重要比其总货物吞吐量的比重12.7%高出近12个百分点。

2. 增速回落明显

"十五"期,珠三角沿海集装箱吞吐量的年均增长速度达到了28.6%,快于全国集装箱增长的平均水平,占沿海集装箱吞吐量的比重由31.5%上升到32.8%。2005至2008年,珠三角沿海集装箱吞吐量年均增长15.0%,在全国沿海的占比降至29.5%。2008年后,由于受到金融危机影响,增速进一步放缓到4.6%(2008~2014年),占比进一步降至24.6%(2014年),较2000年珠三角在全国沿海的比重减少了6.9个百分点。

3. 欧美航线和香港航线占据主导地位

目前,珠三角沿海近60%的国际航线由欧美航线和中国香港航线组成。2014年,美国、欧洲、中国香港航线吞吐量分别为500万TEU、421万TEU和689万TEU,占区域国际航线的比重分别为18.0%、15.1%和24.8%。

由于地缘毗邻、经贸联系紧密,珠三角成为全国沿海与香港交流量最大的港口群。2014年,我国沿海香港航线集装箱吞吐量为902万TEU,其中珠三角沿海完成689万TEU,占比高达76.4%。

4. 干线港布局日趋完善

历史上,珠江三角洲沿海的干线运输主要集中在香港,其余港口均以喂给香港为主。"九五"以来,在香港码头商的参与和推动下,深圳港快速发展,并基本形成了以香港港、深圳港为枢纽的"双干线港"格局。近年来,广州港显示出较大发展潜力和后劲,市场占有率不断提升。

2014年,深圳港、广州港分别完成吞吐量2404万TEU、1639万TEU,占区域比重分别为51.2%、34.9%,初步形成了外贸航线以深圳港为主,国内航线以广州港为主的发展态势。

从分航线上来看:目前,国际航线仍主要由深圳港完成,其所占份额达到74.6%,广州港在区域国际航线中所占比重为17.5%。在国内航线方面,广州港一直是我国最主要的内贸集装箱大港之一,其内贸吞吐量占整个区域总量的2/3左右,参见表3-9。

区域港口分航线吞吐量比重变化情况 表3-9

港口	2005年				2014年			
	合计	国际	内支	内贸	合计	国际	内支	内贸
深圳港	68.6%	79.1%	49.1%	18.1%	51.2%	74.6%	50.5%	7.2%
广州港	19.8%	9.0%	28.6%	72.5%	34.9%	17.5%	42.2%	65.6%
汕头港	1.6%	0.8%	10.1%	4.9%	2.8%	1.7%	2.5%	4.9%
珠海港	2.0%	2.3%	12.3%	0.1%	2.5%	1.7%	1.8%	4.2%
虎门港	0.3%	0.4%	0.0%	0.0%	5.1%	1.0%	0.0%	14.6%
其他港口	7.6%	8.4%	0.0%	4.4%	3.5%	3.5%	3.0%	3.6%

数据来源:交通运输部。

3.7 西南沿海

3.7.1 总体发展情况

根据全国沿海港口布局规划,西南沿海港口群由广西、海南两省的沿海港口和湛江港组成,主要服务于广西、云南、贵州、海南等地区。该区域港口集装箱运输起步较晚、基数较小,但增速始终快于其他区域,也是唯一在金融危机期间吞吐量实现逆势增长的区域。"十五"期,西南沿海年均增速29.3%,年均增长9万TEU;"十一五"期,年均增速为23.4%,年均增量22万TEU;"十二五"前四年,增速为18.1%,增量进一步提高至40万TEU。2014年,西南沿海港口完成集装箱吞吐量332万TEU,占全国沿海港口的比重为1.7%,该比重较2000年的0.8%上升近1个百分点。分航线来看,当前共完成国际航线吞吐量57万TEU,内支线1万TEU,内贸箱273万TEU。

2000年以来西南沿海地区集装箱吞吐量发展情况参见表3-10和图3-12。

2000年以来西南沿海集装箱吞吐量及增速情况 表3-10

港口	集装箱吞吐量(万TEU)				年均增速		
	2000年	2005年	2010年	2014年	"十五"	"十一五"	"十二五"前4年
西南沿海合计	17	60	171	332	29.3%	23.4%	18.1%
海口港	7	22	61	135	27.0%	23.1%	21.7%
湛江港	7	18	32	58	18.9%	12.5%	16.1%
防城港	2	11	25	32	45.8%	19.0%	6.4%
钦州港	0	3	25	70	114.4%	58.2%	29.3%
北海港	1	2	6	10	23.6%	20.9%	11.6%
其他港口		4	22	27	—	40.6%	5.3%

数据来源:交通运输部。

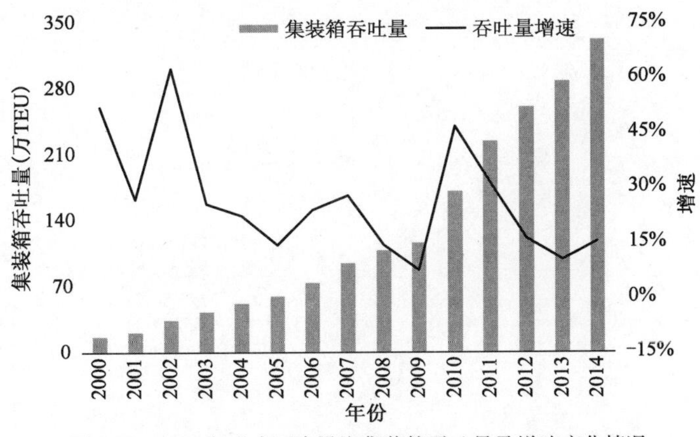

图 3-12　2000 年以来西南沿海集装箱吞吐量及增速变化情况

数据来源:交通运输部。

3.7.2　发展特点

当前,西南沿海港口集装箱运输发展的主要特点是:

1. 吞吐量基数小,但增速快

西南沿海港口群腹地箱源生成量相对较小,港口集装箱吞吐量规模有限,也是我国沿海唯一没有干线港的区域。另一方面,由于基数低,西南沿海集装箱运输增长速度迅速,2000 年以来年均增长 23.9%,远高于同期全国沿海 16.9% 的水平。尤其是"十一五"期和"十二五"前四年,增速分别比全国平均水平快 9.4 个、9.7 个百分点。

2. 以内贸航线居多,国际航线以喂给香港为主

西南沿海港口以内贸航线运输为主。2014 年,西南沿海港口完成内贸航线吞吐量 273 万 TEU,占区域集装箱吞吐量的 82.4%,是全国国内航线占比最高的一个区域,参见图 3-13。同期,西南沿海完成国际航线 57 万 TEU;其中,香港航线达 41 万 TEU,其余为东盟国家及日韩等近洋航线。

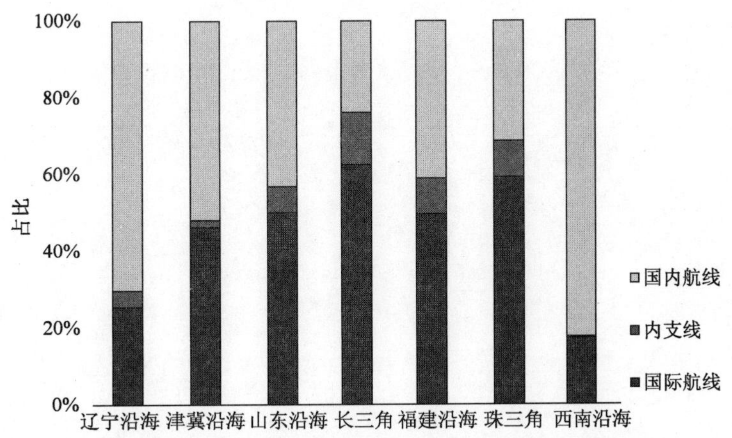

图 3-13　2014 年各区域分航线吞吐量占该区域比重

数据来源:交通运输部。

第二篇

集装箱吞吐量增长机理

第 4 章　集装箱生成量

4.1　集装箱生成量

4.1.1　生成量定义

根据交通运输部规划院的相关研究，集装箱生成量是指一定时期内（通常为 1 年）一个国家或地区的集装箱运输总规模，或者说是对集装箱运输的总需求。集装箱生成量既包括重箱，也包括空箱。需要指出的是，这里的集装箱是指海运采用的国际标准集装箱，如 20 英尺、40 英尺和 45 英尺集装箱等，不包括铁路运输中的国内箱和航空专用集装箱。

根据贸易属性的不同，集装箱生成量可以分为外贸集装箱生成量和内贸集装箱生成量两大部分。其中，外贸集装箱生成量是指在一定时期内一个国家或地区的外贸集装箱进出口总量。按照集装箱运输方式的不同，外贸集装箱生成量可以分为公路口岸量、铁路口岸量和水路口岸量（包括内河和沿海）等，参见图 4-1。

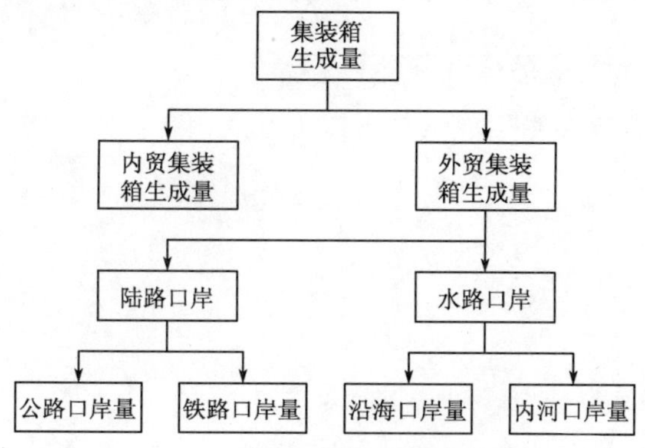

图 4-1　集装箱生成量的构成

根据我国的实际特点，外贸集装箱生成量是我国集装箱生成量的主体，也是影响港口吞吐量发展变化的主要因素。如根据测算，2014 年我国集装箱生成量总规模为 1.3 亿 TEU 左右，其中外贸集装箱生成量规模大约为 1.1 亿 TEU，占全部集装箱生成量的 83%。下面，将重点对外贸集装箱生成量的相关情况进行分析。

4.1.2　外贸集装箱生成机制分析

外贸集装箱生成机制分析是研究决定外贸集装箱生成量的影响因素，以及各个影响因素与外贸集装箱生成量之间的相互关系。概括来看，影响集装箱生成量的因素可以分为生成基础、生成条件两大类。

其中，“生成基础”是指一个地区的经济发展水平、产业结构特点和与之相适应的外贸进出口结构，它是产生集装箱生成量的基础，并且直接决定了集装箱货物的规模。“生成条件”

包括指集装箱货物装箱比、重箱平均载货量、空重箱比例等，这些因素主要和集装箱化水平有关，并在集装箱货物规模的基础上最终决定集装箱的箱量规模。

外贸集装箱生成量的计算过程和公式如下：

$$\text{集装箱生成量} = \frac{\text{重箱箱量}}{\text{重箱比重}} \tag{4-1}$$

公式(1)中，重箱比重 $=\dfrac{\text{重箱箱量}}{\text{重箱箱量}+\text{空箱箱量}}$，箱量的单位为标准箱(TEU)；

$$\text{重箱箱量} = \frac{\text{集装箱货重}}{\text{重箱平均货重}} \tag{4-2}$$

$$\text{集装箱货重} = \text{适箱货重量} \times \text{箱化率} \tag{4-3}$$

公式(3)中，适箱货重量是指适合装箱的外贸货物的总重量，箱化率是实际装箱的货物在全部适箱货中所占的比重；

$$\text{适箱货重量} = \text{适箱货进出口额} \times \text{适箱货单位(金额)重量} \tag{4-4}$$

公式(4)中，适箱货单位(金额)重量是适箱货重量与金额之比；

$$\text{适箱货进出口额} = \text{外贸进出口总额} \times \text{适箱货比重} \tag{4-5}$$

将上述关系式归并汇总，得到集装箱生成量的表达式：

$$\text{集装箱生成量} = \text{外贸进出口总额} \times \text{适箱货比重} \times \text{适箱货单位(金额)重量} \times \frac{\text{箱化率}}{\text{重箱平均货重} \times \text{重箱比重}} \tag{4-6}$$

根据公式(4-6)，外贸集装箱生成量是由以下6大因素共同决定的：

(1)外贸进出口总额；

(2)适箱货比重；

(3)适箱货单位(金额)重量；

(4)箱化率；

(5)重箱平均货重；

(6)重箱比重。

其中，外贸进出口总额、适箱货货值比重、适箱货单位(金额)重量三者共同决定了集装箱货物总量(重量)规模的大小，即“生成基础”。箱化率、重箱平均货重和重箱比重为“生成条件”。通俗来讲，只有“具备了以上3个条件，集装箱货物才能最终转化成集装箱箱量”。

根据以上因素与集装箱生成量相关关系的不同，可以分为正相关和负相关两大类。正相关是指该因素取值增大，则集装箱生成量也增大，反之亦然；负相关是指该因素取值增大，则集装箱生成量减小，反之亦然，详见图4-2。

4.1.3 外贸集装箱生成系数

为判断一个国家或地区对外贸易对集装箱运输的需求强度，需要引入外贸集装箱生成系数(简称生成系数)的概念。生成系数是一个国家或地区在一定时期内集装箱生成量与外贸进出口额的比值，其单位一般为“万TEU/亿美元”，或者“TEU/万美元”。生成系数可以理解为单位商品进出口额产生的集装箱运输需求。

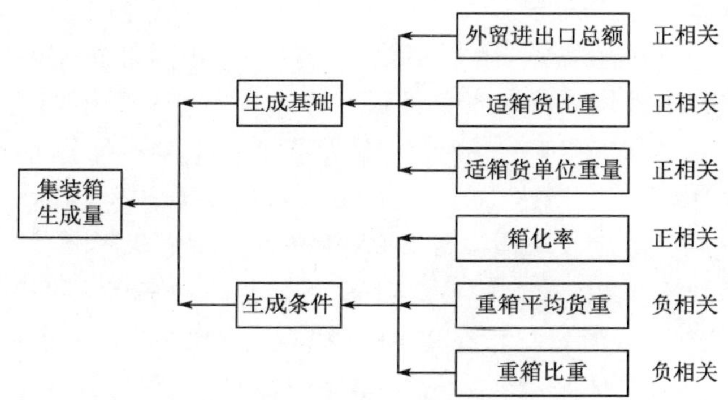

图 4-2　集装箱生成量和其影响因素

生成系数的表达式为：

$$集装箱生成系数 = \frac{集装箱生成量}{外贸进出口总额} \tag{4-7}$$

将公式(4-6)代入到公式(4-7)中，即可得到以下公式：

$$集装箱生成系数 = 适箱货比重 \times 适箱货单位(金额)重量 \times \frac{箱化率}{重箱平均货重 \times 重箱比重} \tag{4-8}$$

从公式(4-8)可知，生成系数的发展变化主要是由外适箱货比重、适箱货单位(金额)重量、箱化率、重箱平均货重和重箱比重 5 个因素共同决定的。

4.2　我国外贸集装箱生成量发展情况

4.2.1　生成量发展情况

21 世纪以来，随着我国对外贸易的持续快速发展和集装箱化水平的持续提高，我国外贸集装箱生成量总体呈现不断增长的发展趋势。根据测算，2014 年全国外贸集装箱生成量达到了 1.1 亿 TEU 左右，是 1990 年的 39 倍，年均递增速度为 16.5%，参见图 4-3。

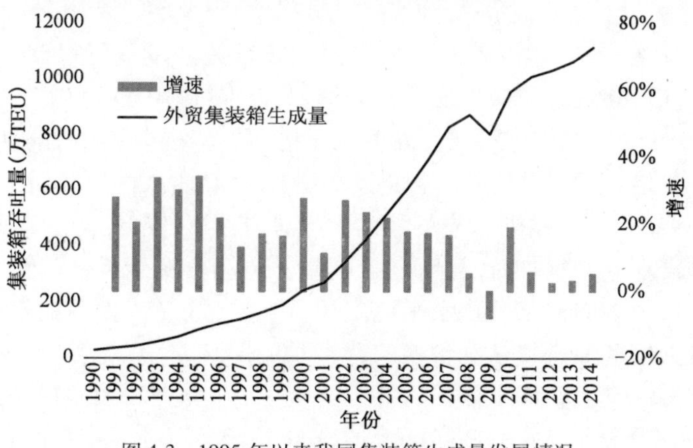

图 4-3　1995 年以来我国集装箱生成量发展情况

数据来源：本次研究测算。

从图 4-3 可知，根据总体规模和增速的变化情况，1990 年以来我国外贸集装箱生成量的发展大体经历了以下 2 个发展阶段：

(1)1990 ~ 2007 年的持续高速增长阶段。1990 年，我国外贸集装箱生成量约 290 万 TEU，总量规模相对较小，但增长势头十分迅猛。经测算，到 1995 年外贸集装箱生成量规模就超过了 1000 万 TEU 大关，2004 年突破 5000 万 TEU，到 2007 年达到 8300 万 TEU 左右。1990 ~ 2007 年的年均增长速度高达 21.9%，其中最高超过了 30%，最低也达到 11% 以上。

(2)2008 年以来的低速增长阶段。受 2008 年国际金融危机影响，2008 年我国外贸集装箱生成量增速降至 5.2%，较上一年回落了 11 个百分点以上；2009 年更是出现了首次负增长(同比增速为 -7.9%)。之后，尽管在 2010 年出现了接近 20% 的反弹，但 2011 年开始增速又回落到 5% 左右。从总体来看，尽管这一时期我国外贸集装箱生成量的总体仍保持增长，并在 2011 年在全球率先突破了 1 亿 TEU 大关，但年均增速仅为 4.3%，与前期相比出现了明显回落。

4.2.2 生成系数变化情况

1990 年以来，我国外贸集装箱生成系数总体呈现出先升后降的变化趋势，如图 4-4 所示。

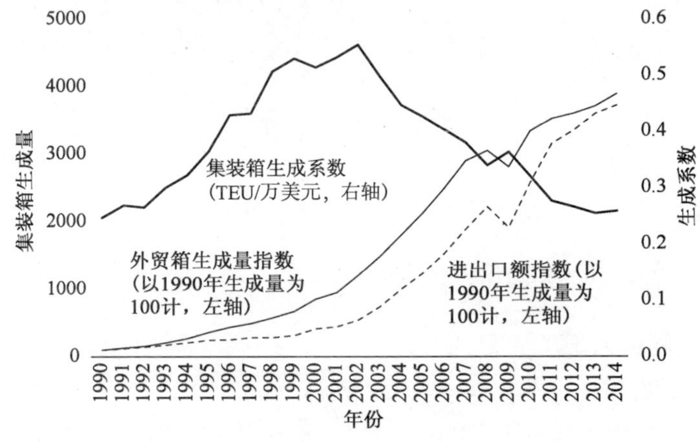

图 4-4　我国集装箱生成量和生成系数发展情况

数据来源：本次研究测算。

从图 4-4 可以发现，1990 年以来外贸集装箱生成系数的发展可以明显分为两个不同阶段。一是 2002 年之前，外贸集装箱生成系数持续提高，从 1990 年的 0.248TEU/万美元增加到 2002 年的峰值 0.555 TEU/万美元，提高了 1.2 倍左右。受其影响，同期虽然我国外贸进出口额仅增长了 4.4 倍，但外贸集装箱生成量却增长了 11 倍之多。经初步分析，导致生成系数持续提高的主要原因是：我国原先的集装箱化水平相对较低，随着对外贸易的增长，不仅适箱货总体运输需求不断增加，而且有越来越多的适箱货从杂货运输转为集装箱运输。

从 2003 年开始，我国的集装箱化水平达到相对高位，进一步提高的空间有限。同时，受矿石、原油、煤炭等大宗商品进口量和价格快速增长的影响，大宗能源、原材料等非适箱货在外贸进出口中的比重上升。在以上因素的共同影响下，外贸集装箱生成系数逐步下降，2014 年回落为 0.259TEU/万美元，较 2002 年的峰值减少了 53%。

4.2.3 主要特点

当前我国外贸集装箱生成量发展的主要特点是：

1. 总量快速增长，增速前高后低

1990 年以来，随着我国国民经济和外贸的快速发展，集装箱生成量迅速增长，而且一度明显高于外贸进出口额的增长速度。如 1990 ~ 2002 年，我国外贸进出口额从 1154 亿美元增加到 6208 亿美元，年均增速 15.0%；而同期外贸集装箱生成量由 286 万 TEU 迅速增长到 3443 万 TEU，年均递增速度高达 23.0%。2003 年之后，外贸集装箱生成量和外贸进出口增速的关系出现了逆转，即由之前的生成量快于外贸额变为外贸额快于生成量，参见图 4-5。

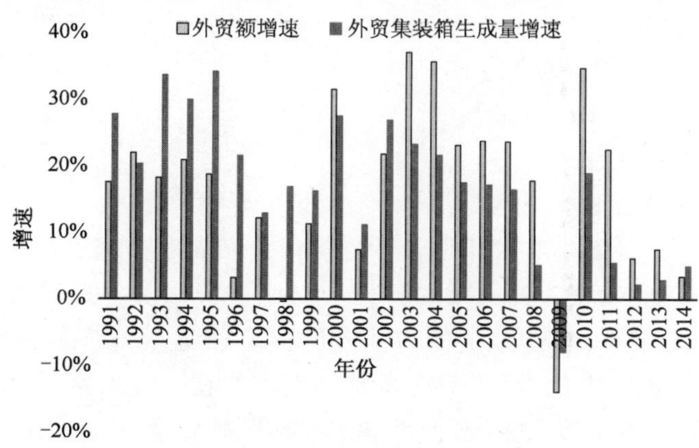

图 4-5　1990 年以来外贸集装箱生成量、外贸额增速发展情况

数据来源：国家统计局，本研究测算。

2. 运输方式结构变化明显，水路的地位显著提升

从分口岸的运输情况来看，我国外贸集装箱运输已经从 20 世纪 90 年代初期的陆路、水路并重发展为目前的水路居绝对主导地位。以 2014 年为例，经陆路运输的外贸集装箱生成量仅 550 万 TEU 左右，占总量的 5%；其余的 95% 都是经水路完成的，其中沿海港口完成 1.02 亿 TEU，占总量的 92%。1990 年以来，分方式外贸集装箱生成量运输情况参见图 4-6。

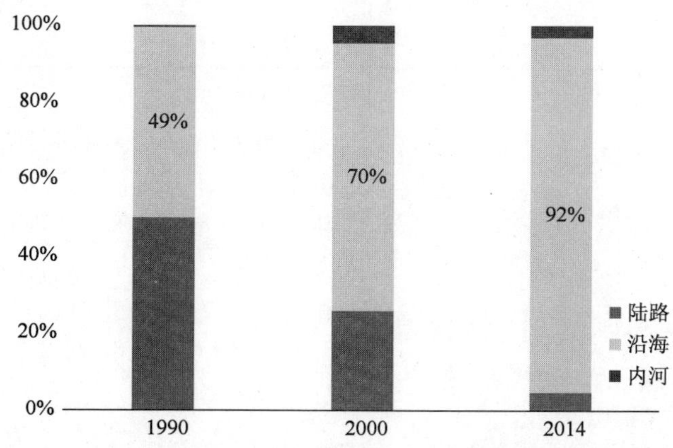

图 4-6　外贸集装箱生成量分方式运输构成变化情况

数据来源：本次研究测算。

3. 生成量的货源地分布不均衡，东部沿海地区居绝对主导地位

本次研究采用将我国（不含港澳台地区）分为 4 大区域，即东部、中部、西部和东北地区，各个区域的具体范围如下：

(1)东部地区,包括北京、天津、河北、山东、江苏、上海、浙江、福建、广东、海南等10个省市;

(2)中部地区,包括山西、河南、安徽、湖北、湖南、江西等6省;

(3)西部地区,包括内蒙古、陕西、宁夏、甘肃、青海、新疆、四川、重庆、贵州、广西、西藏、云南等12个省(区)市;

(4)东北地区,包括辽宁、吉林、黑龙江等3省。

根据研究测算,1995年全国外贸集装箱生成量为1025万TEU,各个区域的生成量规模和在全国的占比情况如下:

(1)东部,933万TEU,91.0%;

(2)中部,34万TEU,3.3%;

(3)西部,30万TEU,2.9%;

(4)东北,29万TEU,2.8%。

“九五”期,东部地区外贸集装箱生成量的增速依然领先于全国平均水平,其在全国的占比也进一步提高到2000年的92.2%。2000年之后,随着我国其他地区、特别是中部地区外贸集装箱生成量的加速增长,东部地区的占比开始逐步回落。2013年,全国集装箱生成量1.06亿TEU,其中东部地区占比为89.1%,其他地区占比相应提高到了10.9%。

从总体来看,尽管新世纪以来中部、西部和东北地区外贸集装箱生成量的增速已经领先于东部地区,但总体规模相对较小,目前近90%左右的外贸集装箱货物仍然来自东部地区,参见表4-1。

1995年以来我国外贸集装箱生成量分地区构成情况 表4-1

单位:%

地　　区	1995年	2000年	2005年	2010年	2013年
东部地区	91.0	92.2	91.2	90.5	89.1
中部地区	3.3	2.5	2.7	3.7	4.5
西部地区	2.9	2.0	2.5	2.1	2.7
东北地区	2.8	3.3	3.6	3.7	3.7

数据来源:本次研究测算。

从分省的情况来看,外贸集装箱生成量的分布也是很不平衡的。以2013年为例:当年外贸集装箱生成量在100万TEU的省份共有11个,依次为广东、浙江、江苏、山东、福建、上海、辽宁、天津、河北、安徽和北京,合计为9895万TEU,占全国总量的93%;外贸集装箱生成量在500万TEU的省份共有6个,合计为8772万TEU,占全国总量的83%;生成量在1000万TEU的省份共有4个,合计为7403万TEU,占全国总量的73%;生成量在2000万TEU的省份共有2个,合计为4772万TEU,占全国总量的45%。2013年我国分省外贸集装箱生成量构成情况参见图4-7。

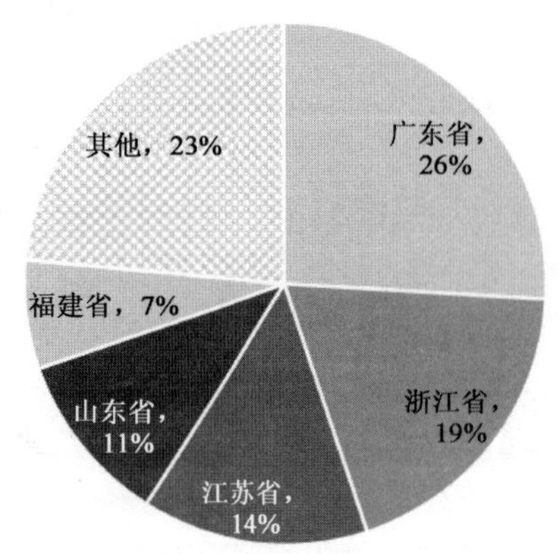

图4-7　2013年我国外贸集装箱生成量分省构成图

数据来源:本研究测算。

4.3　外贸集装箱生成机制分析

下面,即从生成基础和生成条件两个方面,分别对相关影响因素的变化情况进行分析,具体内容如下:

4.3.1　生成基础

1.外贸额

“九五”以来,我国外贸进出口总体呈现快速扩张的发展趋势。2014 年外贸进出口总额达4.3 万亿美元,与1990 年的1154 亿美元相比增加了36 倍,年均增长速度高达16.3%,参见图4-8。

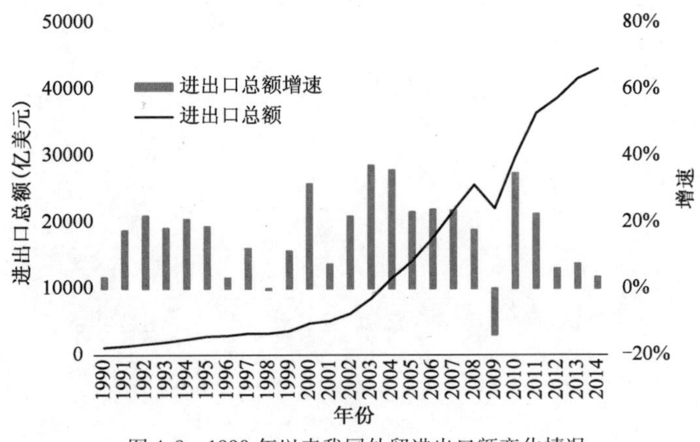

图4-8　1990 年以来我国外贸进出口额变化情况

数据来源:国家统计局。

从外贸进出口额增速的变化情况来看,“八五”以来我国对外贸易的发展可以大体分为以下四个阶段:

(1)第一次扩张时期(1991 ~1995 年)。“八五”之前,受当时西方国家的制裁影响,1990年时我国外贸进出口额的增速仅为3.4%,呈现缓慢增长的特点。进入“八五”期后,随着我国外向型经济的加快发展,外贸进出口总额出现连续5 年的快速扩张,到1995 年达到了2809 亿美元,“八五”期年均增长速度达到了19.5%。

(2)波动增长时期(1996 ~2001 年)。进入“九五”期后,受亚洲金融危机等因素影响,我国外贸进出口增速出现了明显波动,在1998 年还一度出现了小幅负增长,而2000 年增速又回升到30%左右。2001 年外贸进出口额达到了5097 亿美元,1996 年以来的年均增速为10.4%,与“八五”期相比回落明显。

(3)第二次扩张时期(2002 ~2007 年),随着我国于2001 年底加入WTO,对外贸易的增速显著提速,自2002 年起连续6 年保持了20%以上的高速增长,并分别在2004、2007 年突破了1 万亿美元和2 万亿美元两个大关。2007 年我国进出口总额达到2.2 万亿美元,比2001 年翻了2 番多,年均增速达到了27.4%。

(4)调整回落阶段(2008 年至今),2008 年以来,受国际金融危机的影响,我国外贸进出口额的增速出现回落,在2009 年甚至一度出现了13.9%的负增长。之后,虽然在2010 年、2011 年出现了20% ~30%的大幅反弹,但自2012 年开始增速再次放缓,并出现了连续3 年的个位数增长。

在贸易总量持续快速增长的同时，受我国资源禀赋、产业结构和比较优势变化等因素的影响，进出口商品结构在过去的20多年里也发生了深刻变化，并对适箱货比重、适箱货单位重量等因素产生了重大影响。从总体来看，1990年以来我国进出口商品结构的变化突出表现在以下三方面（参见图4-9）：

（1）以石油、铁矿石等为代表的大宗能源、原材料占比波动上升；

（2）以纺织、服装为代表的传统劳动密集型产品占比持续下降；

（3）以电子产品为代表的技术密集型产品占比快速提高。

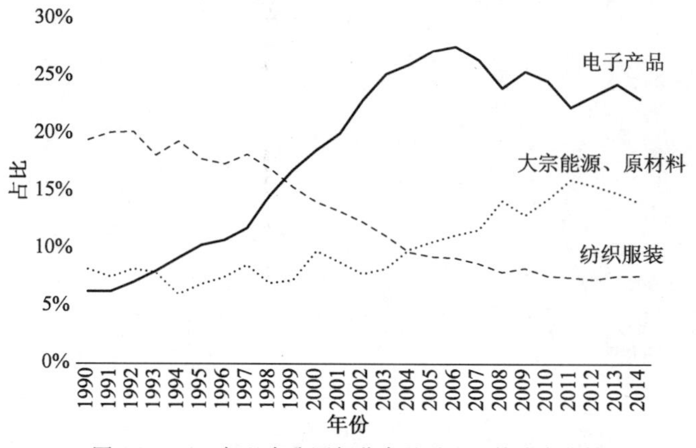

图4-9　1990年以来我国部分商品进出口构成变化情况

数据来源：WTO。

根据WTO的统计，1990～2014年我国具有传统优势的纺织、服装的进出口额从222亿美元增长到3246亿美元，但在全部进出口商品中的比重从19.5%下降到7.7%；同期石油、铁矿石等大宗能源原材料从94亿美元增加到5906亿美元，占比从8.2%提高到14.0%；而以集成电路、信息通信为代表的电子产品贸易额则从72亿美元增加到9728亿美元，占比从6.3%提高到23.1%。

2. 适箱货比重

适箱货比重是指适合装箱的货物在进出口总量中所占的比重（按金额计算）。一般来讲，我们可以将进出口货物分为两大类：一是适箱货；二是非适箱货（以大宗货物居多）。其中，非适箱货主要包括煤炭、矿石等大宗干散货，原油、成品油等液体散货，以及船舶、机车、重型机械设备等无法装箱的重大件。

从总体上看，在全球贸易中工业制成品、半成品和零部件等适箱货所占的比重不断上升的大背景下，我国外贸进出口商品中适箱货的比重总体维持在80%左右的高位。同时，受前面提到的外贸商品结构变化以及国际大宗商品价格波动等因素的影响，其比重呈现出先升后降的变化趋势，参见图4-10。

从图4-10可知，1990年我国进出口商品中适箱货比重在82%左右，之后波动上升，于1998、1999年达到高位（86%左右）。从2000年开始，随着我国外贸进口原油、铁矿石等大宗商品的持续快速增长，以及其价格的上涨，适箱货比重呈现持续下降的趋势，于2008年跌破80%，2011年更是降至多年低点（77%左右）。2012年之后，随着大宗进口商品增速和价格的双回落,适箱货比重又出现了小幅回升,“十二五”前4年的均值约为78%。

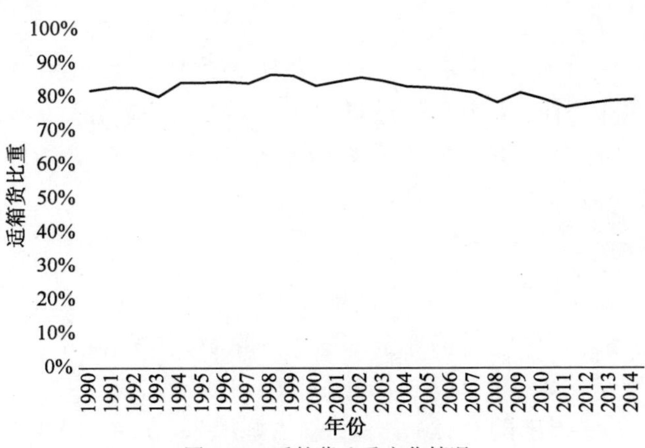

图4-10　适箱货比重变化情况

数据来源:本研究测算。

3.适箱货单位(金额)重量

影响适箱货单位重量的因素很多,主要包括:进出口商品结构、国际市场价格变化、汇率变动等。从总体来看,我国外贸适箱货货物的单位重量呈现不断下降的大趋势,即固定金额的进出商品重量在不断减少,参见图4-11。

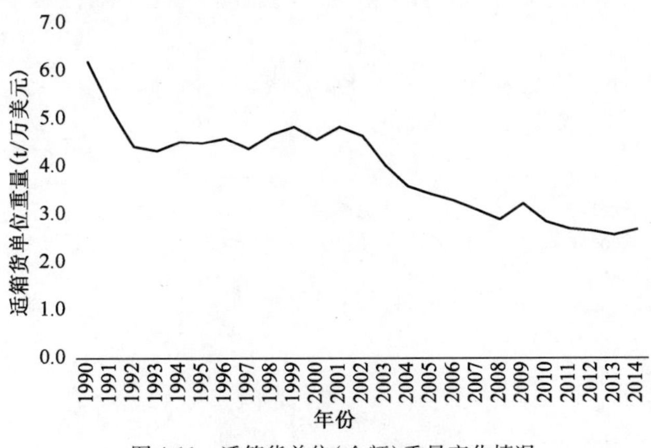

图4-11　适箱货单位(金额)重量变化情况

数据来源:本研究测算。

从图4-11可知,1990年以来我国适箱货单位重量的变化可以分为以下三个阶段:

(1)快速下降期(1992年之前)。在这一时期,主要是受进出口商品结构调整和进出口货物价值提升等因素影响,适箱货单位重量快速下降,从1990年的6.2t/万美元变为1992年的4.4t/万美元。

(2)平台波动期(1993~2002年)。1993年之后,适箱货单位重量大体在4.6t/万美元左右小幅波动。

(3)缓慢下降期(2003年以来)。2003年开始,人民币兑美元汇率开始小幅升值,特别是随着2005年我国汇率制度改革的进行,人民币兑美元进入了持续升值阶段。受汇率变化和商品结构升级等因素的影响,适箱货单位重量开始持续下降,先后在2004、2008年跌破了

4t/万美元和 3t/万美元。进入“十二五”后，又开始趋稳，“十二五”前 4 年的均值约为 2.7t/万美元。

从前面的图 4-11 可知，适箱货单位重量与集装箱生成量呈正相关关系，即在其他条件不变的情况下，单位重量下降，集装箱生成量会随之减少。“十五”中后期以来，我国集装箱生成量的增长速度从快于外贸进出口额变为慢于外贸进出口额，其中很重要的原因就是适箱货单位重量的持续下降。

4.3.2 生成条件

1. 箱化率

箱化率反映的是最终装箱的货物在全部适于装箱货物中所占的比重。无论是从国际还是国内来看，随着集装箱化水平的提高，箱化率总体上都呈上升的趋势，但达到一定峰值后就会保持基本稳定。需要指出的是，箱化率的理论峰值是 100%，但受多种因素制约，实际上是难以实现所有适箱货物都装箱的。当前，发达国家之间贸易的箱化率水平基本稳定在 90% ~95%。

1990 年前后，我国的集装箱运输在从起步发展阶段向快速增长阶段过渡，当时箱化率水平相对较低，大体在 36% 左右。之后，随着港口码头等基础设施和运输装备的不断发展，我国的箱化率水平快速提升。根据初步测算，我国外贸适箱货的箱化率水平在 1992 年突破了 50%，2004 年突破了 90%，达到了发达国家的平均水平。近年来，箱化率水平略有回落，总体保持在 88% ~90%。

1990 年以来我国外贸适箱货箱化率变化情况参见图 4-12。

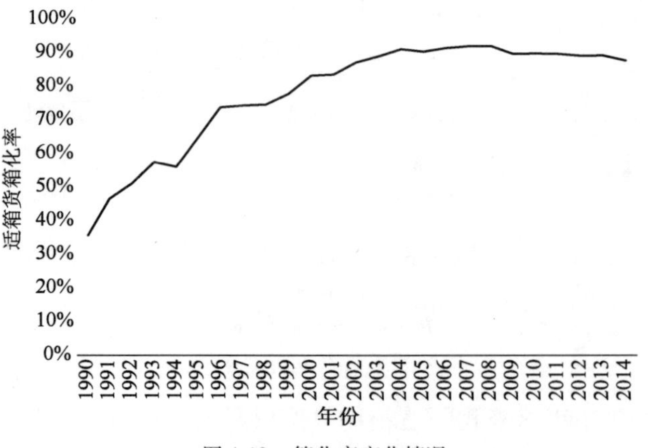

图 4-12 箱化率变化情况

数据来源：本研究测算。

从图 3-13 可以看出，我国外贸适箱货箱化率的变化可以分为两个时期：

（1）提升期（2004 年之前）。1990 ~2004 年，我国外贸货物的箱化率水平从 36% 增加到 91%，呈现不断提高的趋势。其中 1990 ~1996 年增长最为迅速，平均每年提高 6.3 个百分点，这一时期也正是我国外贸集装箱生成量增长最为迅速的阶段。

（2）稳定期（2004 年以来）。在这一时期，箱化率总体保持稳定，呈现高位小幅波动的变化趋势，大体在 88% ~92% 之间波动，平均值为 90% 左右。

2. 重箱平均货重

1990 ~ 2014 年,我国外贸集装箱重箱的平均货重呈现出两头高、中间低的变化特点(图 4-13),但总体变化幅度不大,多年均值为 9.7t/TEU。需要指出的是,由于进出口商品结构的不同,我国进口重箱的平均货重要明显高于出口重箱。如 2013 年我国重箱平均箱重为 10.6t/TEU,其中进口重箱平均为 13.2t/TEU,出口重箱平均为 9.4t/TEU。

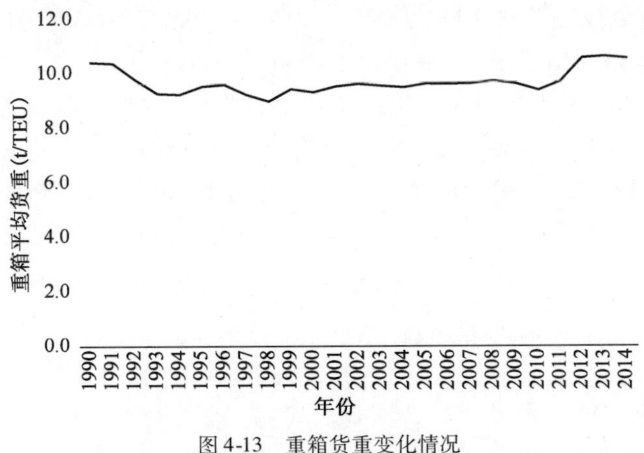

图 4-13　重箱货重变化情况

数据来源:本研究测算。

3. 重箱比重

1990 年以来,外贸集装箱箱量中重箱占比的变化也呈现出两头高、中间低的特点。如“八五”“九五”“十五”“十一五”和“十二五”前 4 年重箱比重的均值分别为:71.6%、67.1%、64.6%、65.0% 和 67.6%。受外贸进出口不平衡的影响,出口集装箱的重箱比重一直要高于进口。如 2013 年出口箱中重箱比重达 89%,而进口箱中的重箱比重仅为 43%。1990 年以来集装箱重箱占比的变化情况参见图 4-14。

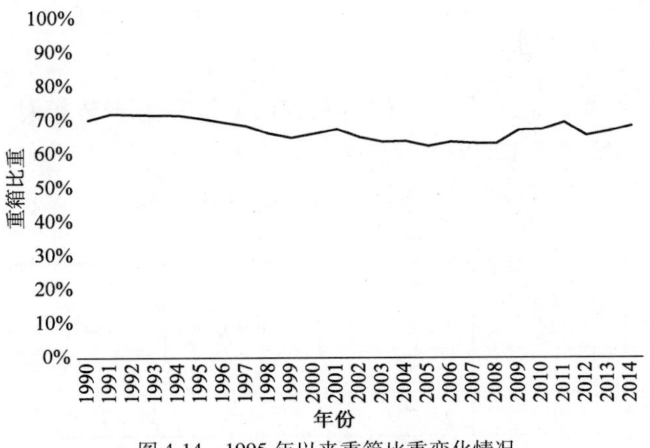

图 4-14　1995 年以来重箱比重变化情况

数据来源:本研究测算。

4.4　内贸集装箱生成量

我国海上集装箱运输起源于内贸铁路集装箱,要早于外贸。但大规模采用国际标准箱的内贸集装箱运输是从“九五”后期才开展起来的,比外贸国际标准箱运输晚了约 20 年。虽然起步较晚,但由于有沿海的件杂货作为货源支撑,内贸集装箱生成量的增长非常迅速。

2000 年,我国内贸集装箱生成量约 89 万 TEU,仅为同期集装箱总生成量的 4% 左右。“十五”以来,越来越多的船公司开始进入内贸集装箱运输市场,其航线网络也不断完善,促进了越来越多的内贸件杂货转用集装箱运输,从而推动了内贸生成量的持续高速增长。2008 年,内贸集装箱生成量超过 1000 万 TEU,2000 ~ 2008 年的年均增速达到了 36.2%,比同期外贸集装箱生成量高出了 19 个百分点。2008 年之后,受总需求放缓、自身基数增大等因素的影响,内贸集装箱生成量增速也出现了回落,但是仍然要明显高于同期外贸集装箱生成量的增速。据测算,2014 年我国内贸集装箱生成量为 2360 万 TEU,占到了集装箱总生成量的 17%,2008 ~ 2014 年内贸箱生成量的年均增速为 14.3%,比同期外贸集装箱生成量高出了 10 个百分点(图 4-15)。

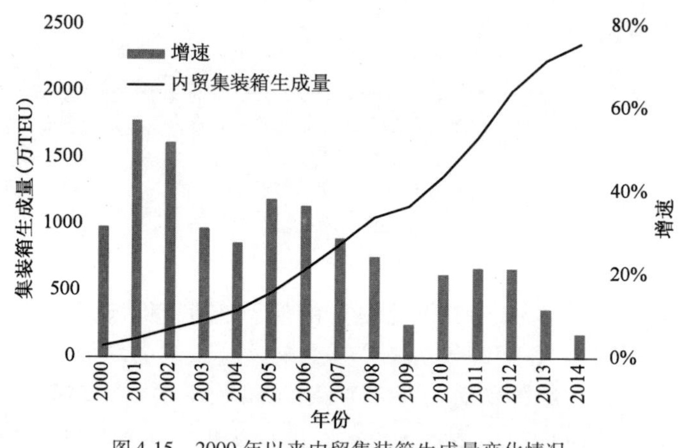

图 4-15　2000 年以来内贸集装箱生成量变化情况

数据来源:本研究测算。

4.5　集装箱总生成量

根据以上对内、外贸集装箱生成量的分析,2014 年我国集装箱总生成量约为 1.35 亿 TEU,2000 年以来年均增速为 12.7%,参见表 4-2 和图 4-16。

1990 年以来我国集装箱总生成量情况　　表 4-2

单位:万 TEU

生成量类型		1990 年	2000 年	2010 年	2014 年	1990 年以来年均增速
总生成量		286	2528	10910	13497	17.4%
其中:	外贸生成量	286	2439	9546	11137	16.5%
	内贸生成量		89	1364	2360	26.4%

注:内贸生成量年均增速为 2000 ~ 2014 年的年均增速。

数据来源:本次研究测算。

从图 4-16 可知,在 2008 年之前,我国集装箱总生成量总体呈现持续高速增长的趋势。1990 ~ 2007 年,集装箱总生成量从 286 万 TEU 增加到 9139 万 TEU,增长了近 31 倍,年均增速达 22.6%,即平均每 3 ~ 4 年就翻一番。

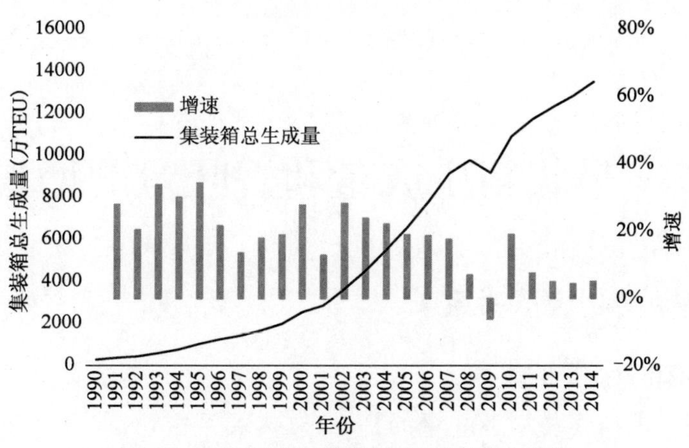

图 4-16　1990 年以来集装箱总生成量变化情况

数据来源:本研究测算。

从 2008 年开始,受国际金融危机的冲击,外贸集装箱生成量出现波动;同期由于基数的扩大,内贸集装箱生成量增速也逐步回落。在此背景下,集装箱总生成量的年均增速下滑至 5.7%,在 2009 年还一度出现了负增长。当前,我国集装箱生成量发展的最新特点是:

(1)规模庞大,是全球唯一一个超过 1 亿 TEU 的国家;

(2)增速回落明显,年均增速已经从金融危机之前的 20% 以上下降到近期的个位数增长;

(3)内贸生成量地位日趋突出,目前已经占到总生成量的 1/6 左右。

第5章　集装箱生成量和吞吐量的增长机理

5.1　生成量和吞吐量的关系

5.1.1　生成量和吞吐量的差异

集装箱生成量是港口集装箱吞吐量的基础，二者关系密切，但也存在明显的差异。首先，二者的范围不同，集装箱生成量是包括陆路口岸和水路口岸的总的运输需求，而港口集装箱吞吐量仅包括了水路口岸的运输量。其次，生成量是实物运输量，而吞吐量是港口操作量，有时一个生成量可以产生多个吞吐量。如在内贸航线中，1TEU 的内贸集装箱生成量至少产生 2TEU 的吞吐量，即在发货地的装船吞吐量和目的地的卸船吞吐量；再如，在外贸出口运输中，如果采用“喂给港-干线港”的方式，则每 1TEU 的外贸生成量至少会产生 3TEU 的吞吐量，即喂给港装船、干线港卸船和再装船，参见图 5-1。

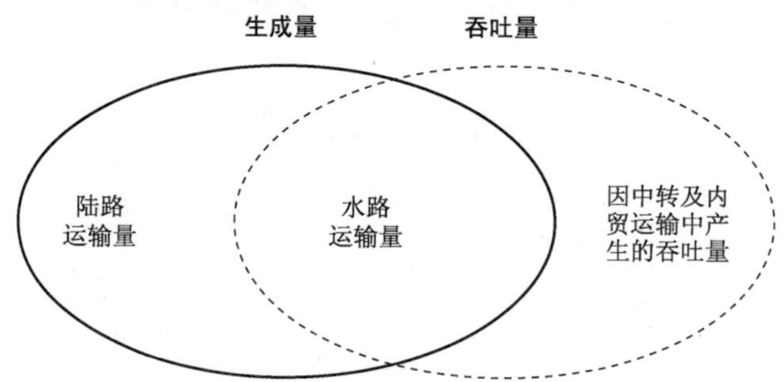

图 5-1　集装箱吞吐量和生成量的相关关系示意图

5.1.2　生成量和吞吐量的变化趋势

从生成量和吞吐量的数量关系来看，“十一五”之前，由于有大量的集装箱经陆路运输，我国港口集装箱吞吐量一直要略小于集装箱生成量。如 2000 年时，我国港口集装箱吞吐量为 2263 万 TEU（含内河），要低于同期集装箱生成量 2528 万 TEU。进入“十二五”后，随着水路运输所占比重的不断提高，以及内贸和中转运输的快速增长，目前港口集装箱吞吐量已经超过了生成量。如 2014 年，港口集装箱吞吐量达 2.01 亿 TEU，较同期生成量 1.35 亿 TEU 高出了 49%，参见图 5-2。

从二者的关系来看，生成量是影响我国港口集装箱吞吐量的决定性因素。仍以 2014 年为例，当年生成量增加了 529 万 TEU，对港口吞吐量增长的贡献率超过 80%，对吞吐量的拉动率为 3.9%；而其他因素对港口吞吐量增长的贡献率和拉动率分别为 20% 和 1.0%。因此，集装箱生成量仍是决定港口吞吐量发展变化的主要力量。

下面，就外贸集装箱生成量为重点，对外贸集装箱生成量和经济、贸易的关系，以及影响外贸集装箱生成量的关键因素等进行初步的分析，具体内容详见下节。

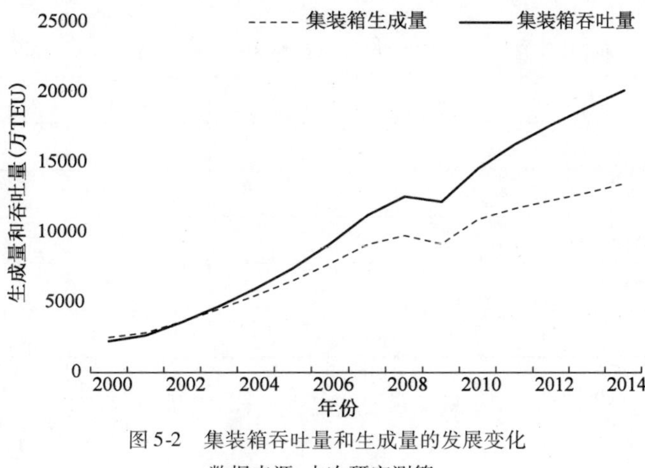

图5-2　集装箱吞吐量和生成量的发展变化

数据来源：本次研究测算。

5.2　外贸集装箱生成量增长机理分析

5.2.1　生成量和经济、贸易的关系

1. 我国外贸集装箱生成量和经济、贸易的关系

根据对2000年以来我国国内生产总值(GDP)、工业增加值、对外进出口额和集装箱生成量的相关分析，外贸生成量与经济、贸易的发展是高度相关的。其中，国内生产总值、工业增加值、对外进出口额与生成量的相关系数分别为0.959,0.960和0.971。这说明：首先，与其他因素相比，对外贸易仍是影响生成量的主导因素；其次，由于集装箱货物构成中工业制成品、半成品和零部件等占据主导地位，因此工业发展对生成量的影响要略高于整体经济发展对生成量的影响，参见表5-1和图5-3。

生成量和经济、贸易指标的相关关系　　表5-1

年份	GDP (以1978年GDP值为100)	工业增加值 (以1978年工业值为100)	外贸额 (亿美元)	生成量 (万TEU)
2000	760	1118	4743	2439
2001	824	1215	5097	2712
2002	899	1336	6208	3443
2003	989	1507	8510	4246
2004	1089	1680	11546	5166
2005	1213	1875	14219	6073
2006	1367	2116	17604	7115
2007	1562	2432	21766	8287
2008	1713	2673	25633	8715
2009	1874	2909	22075	8027

续上表

年份	GDP（以 1978 年 GDP 值为 100）	工业增加值（以 1978 年工业值为 100）	外贸额（亿美元）	生成量（万 TEU）
2010	2073	3274	29740	9546
2011	2271	3628	36419	10074
2012	2449	3915	38671	10304
2013	2639	4213	41590	10608
2014	2832	4505	43030	11137
相关系数	0.959	0.960	0.971	

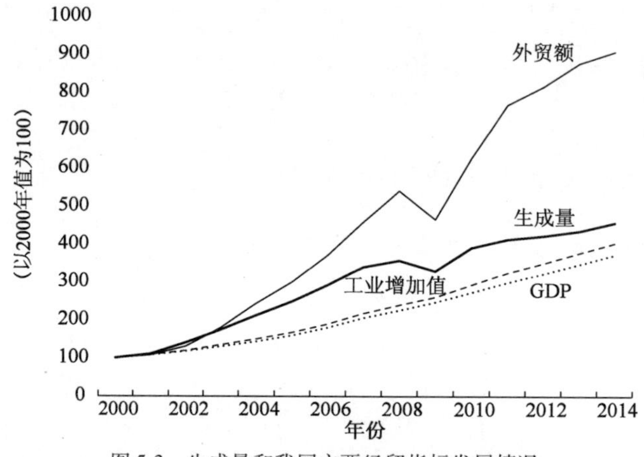

图 5-3 生成量和我国主要经贸指标发展情况

数据来源：国家统计局、本次研究测算。

2. 分地区生成量和经济、贸易的关系

下面，将从分地区的角度，对外贸集装箱生成量与经济、贸易之间的关系进行分析。我们选取了全国 2014 年分省生产总值和外贸进出口额与生成量的数据，分别进行了相关性分析和数学模型拟合处理，具体结果参见图 5-4 和图 5-5。

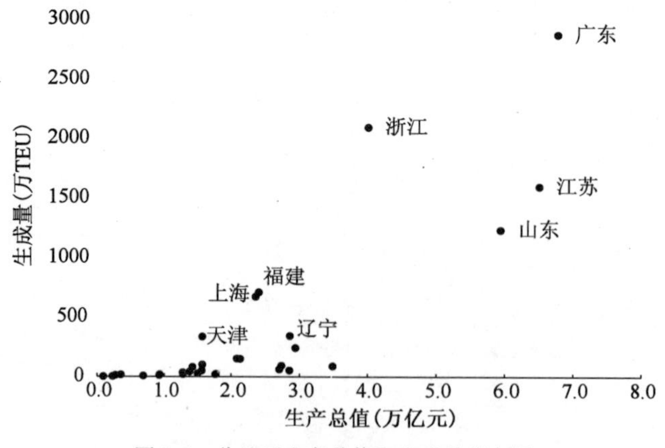

图 5-4 分地区生产总值和生成量分布图

数据来源：国家统计局、本次研究测算。

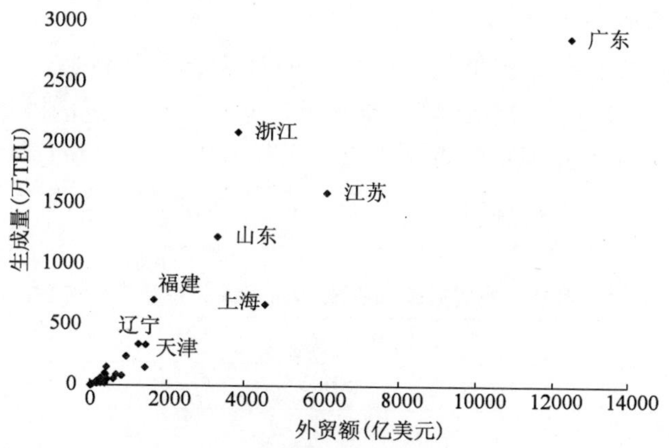

图 5-5　分地区外贸额和生成量分布图

数据来源：国家统计局、本次研究测算。

通过对图 5-4 和图 5-5 的比较可以清楚地看出，集装箱生成量与各地生产总值的分布图基本上是离散的，二者相关性较差。如广东和江苏两地，2014 年生产总值分别为 6.78 万亿元和6.51 万亿元，较为接近，但集装箱生成量分别约为 2900 万 TEU 和 1600 万 TEU，相差明显。这说明我国各地的外贸集装箱生成量与其对外贸易的关系更为密切，二者的相关系数为0.971，属于高度相关。即对外进出口额大的地区，集装箱生成量就高；反之亦然。根据分布特征，我们分别选取了直线和曲线进行拟合，具体结果参见图 5-6。

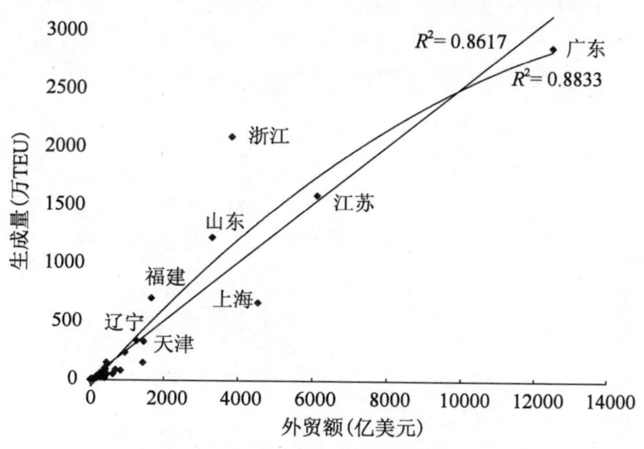

图 5-6　分地区外贸额和生成量拟合曲线示意图

数据来源：国家统计局、本次研究测算。

其中，直线的拟合方程式为：

$y = 0.2527x + 8.6364$，R^2 为 0.8617；

二次曲线的拟合方程为：

$y = -10^{-5}x^2 + 0.3593x - 57.899$，$R^2$ 为 0.8833；

由于相关系数较大，说明二次曲线拟合的程度要高于线性拟合。

根据二次曲线拟合方程，我们可以发现，对于不同地区的外贸进出口额，每增加 1 亿美元，外贸集装箱生成量就会增加 0.2 万 ~0.3 万 TEU。

5.2.2 关键因素识别

根据第4章的相关内容,外贸集装箱生成量的规模是由外贸额、适箱货比重、适箱货单位重量、适箱货箱化率、重箱货重和重箱比重6个因素所共同决定的。但各个因素对最终生成量影响的大小(或者说上述因素的重要程度)是不尽相同的。为了对此进行判断,下面将重点从各个影响因素与生成量的相关性和各个因素的变化幅度两个角度进行分析,参见表5-2。

相关因素与外贸集装箱生成量的相关关系和变化幅度　　表5-2

因　素	相关系数	变化幅度
外贸额	0.969	37.28
适箱货比重	0.745	1.12
适箱货单位重量	0.927	2.41
箱化率	0.759	2.58
重箱货重	0.421	1.18
重箱比重	0.484	1.15

在表5-2中,相关系数是指1990~2014年将各个因素与外贸集装箱生成量的相关系数绝对值,变化幅度为同期各个因素最大值与最小值的比值。从表5-2可以看出,外贸额与外贸集装箱生成量的关系最为紧密,二者的相关系数达到了0.969,明显高于其他因素与外贸集装箱生成量的相关系数;同时,在过去的20多年里,外贸额的变化幅度是最为突出的,达到了37以上,也要明显高于其他因素变化幅度(1.1~2.6)。因此,可以判断出对生成量影响最大的正是外贸额的变化。其余5个因素的影响情况参见图5-7。

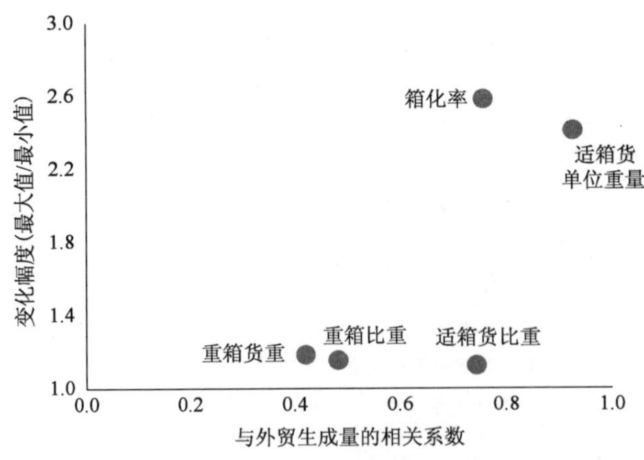

图5-7　集装箱生成量影响因素“相关系数-变化幅度”矩阵

数据来源:本次研究测算。

根据图5-7,结合前面的分析,就对外贸生成量的影响程度而言,有关6个因素可以大体分为以下三类,具体如下:

(1)影响非常明显:外贸额;

(2)影响明显:箱化率、适箱货单位重量(如图5-7所示,这两个指标与生成量的相关系数较高,而且自身的变化幅度较大);

(3)影响有限:主要包括适箱货比重、重箱比重和重箱货重3个因素(如图5-7所示,这些因素一是与生成量的相关程度要低于其他因素,而且更为重要的是其自身的变化较小)。

综合以上分析,可以发现:在1990~2014年期间,对外贸集装箱生成量影响最大的因素是外贸额,其次为箱化率和适箱货单位重量,外贸额中的适箱货比重、重箱比重和重箱货重等因素的影响相对较小。

5.2.3 分阶段增长情况分析

结合前面对生成机制的分析,上述影响因素可以分为生成基础和生成条件两大方面。其中,生成基础由外贸额、适箱货比重和适箱货单位重量3个要素构成,根据第四章4.1节公式(4-6),这3个要素相乘得到的结果实际上就是适于装箱的货物重量(或者称为集装箱运输总需求)。生成条件由箱化率、重箱货重和重箱比重3个要素构成,根据公式(4-6),这3个要素计算得到的结果反映的是在前面集装箱运输总需求的基础上,最终到底形成了多少集装箱运输量,或者说是货物从"重量"变为"箱量"的转化率。根据测算,1990年以来适于装箱的货物重量和其转化率变化情况详见图5-8和表5-3。

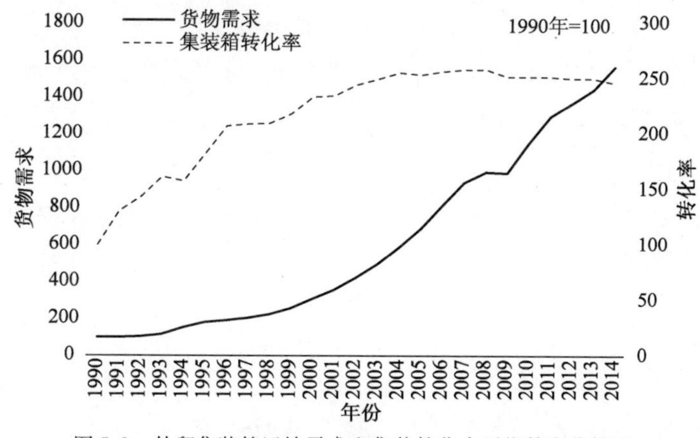

图5-8 外贸集装箱运输需求和集装箱化水平指数变化情况

数据来源:本研究测算。

根据图5-8,从集装箱货物需求和转化率两方面来看,1990年以来外贸集装箱生成量的变化可以大体分为以下三个阶段:

(1)1990~1997年的高速增长阶段,生成量的增长由需求增加和转化率提高共同推动;

(2)1997~2007年的快速扩张阶段,仍由需求增加和转化率提高共同推动,但集装箱化水平提高的作用明显减弱;

(3)2008年以来的低速增长阶段,转化率出现回落,生成量的增长主要由货物需求推动。

1995年以来我国集装箱生成量和生成机制变化情况参见表5-3。

1995年以来集装箱生成量和生成机制发展情况 表5-3

变 量	单位	1995年	2000年	2005年	2010年	2014年
外贸进出口额	亿美元	2809	4743	14221	29740	43030
适箱货比重	%	81.8	83.3	82.2	79.5	79.4
适箱货单位(金额)重量	t/万美元	5.1	4.6	3.5	2.9	2.7

续上表

变　量	单位	1995 年	2000 年	2005 年	2010 年	2014 年
箱化率	%	64.9	83.2	90.4	89.8	87.7
重箱平均货重	t/TEU	9.5	9.3	9.6	9.4	10.6
重箱比重	%	70.8	66.2	62.5	67.4	68.4
集装箱生成量	万 TEU	1108	2439	6073	9546	11137
集装箱生成系数	TEU/万美元	0.394	0.514	0.427	0.321	0.259

数据来源:交通运输部规划研究院。

5.3　外贸集装箱吞吐量的增长原因分析

前面,我们对生成量和吞吐量的关系、生成量的增长机理进行了初步的分析,尝试着从生成机制的角度来描述我国集装箱运输需求的增长原因。下面,我们将从另一个角度,即经济、贸易和集装箱化等方面,来探求港口吞吐量增长的原因。

“九五”以来,我国沿海港口集装箱吞吐量的持续高速增长已经引起了国际港航界的高度关注,并被人们惊叹为“中国现象”。根据初步判断,从经贸和运输的角度来看,推动我国集装箱运量快速发展的主要因素包括以下四个方面:

(1)经济全球化;

(2)我国经济社会和对外贸易快速发展;

(3)运输集装箱化水平提高;

(4)“干线港-喂给港”港口体系的发展。

具体分析如下:

5.3.1　经济全球化的影响

经济全球化是集装箱运输不断发展壮大的根本动因之一。同时,以集装箱运输的快速发展反过来也有力地推动了经济全球化的发展。从 20 世纪 50 年代开始,世界经济全球化的进程显著加快,不仅国际间资金、技术、人员的交流日趋频繁,而且国际间的产业结构调整和转移也不断加快。

我国改革开放以来,由于较高的劳动者素质和极具竞争力的工资水平,国外公司纷纷将其制造部门,特别是劳动密集型的制造业向我国转移,使我国逐步发展成为全球最重要的制造业基地和出口地之一。同时,随着加工能力提高,我国制造业所需的机械设备、原材料和零部件进口呈现快速增长的势头。由此可见,经济全球化进程加快导致我国工业半成品和制成品等适箱货运输需求的增长,是推动我国集装箱运输需求发展的一个重要因素。

5.3.2　我国经济、贸易发展的影响

我国经济贸易的发展和结构变化是推动集装箱运输需求增长的基础。

1. 我国经济、贸易发展概况

改革开放以来,在经济总量迅速发展的同时,我国经济结构也发生了巨大的变化,第一产业所占比重连续下降,第二、三产业不断上升。目前我国三大产业的比例关系已经由 1978 年的 28:48:24 发展到 2014 年的 9:43:48。在第二产业中,初级产品加工工业(如采矿业)

的比重呈下降的趋势，而产品附加值和技术含量相对较高的制造业则呈上升的势头。制造业快速发展直接带动了以工业半成品和制成品为主的适箱货运输需求的增长。

与 GDP 发展相比，我国对外贸易的增长势头更为迅猛，有力地带动了外贸集装箱运输需求增长。同时，我国外贸进出口商品结构（按金额计算）也发生了显著的变化（详见表 5-4），初级产品的比重下降，而工业制成品、特别是机械设备增长迅速。进出口商品结构变化有力地推动了我国沿海集装箱运输的发展。

2014 年，我国外贸进出口额达到 4.30 万亿美元，其中出口 2.34 万亿美元、进口 1.96 万亿美元，分别比 2000 年年均增长 17.1%、17.4% 和 16.7%，总额增幅达到 3.83 万亿美元，参见表 5-4 和图 5-9。

2000 年以来我国外贸进出口发展情况　　表 5-4

单位：亿美元

年　份	进出口额	出口额	进口额	贸易顺差
2000	4743	2492	2251	241
2001	5097	2661	2436	225
2002	6208	3256	2952	304
2003	8510	4382	4128	255
2004	11546	5933	5612	321
2005	14219	7620	6600	1020
2006	17604	9690	7915	1775
2007	21766	12205	9561	2643
2008	25633	14307	11326	2981
2009	22075	12016	10059	1957
2010	29740	15778	13962	1815
2011	36419	18984	17435	1549
2012	38671	20487	18184	2303
2013	41590	22090	19500	2590
2014	43030	23427	19603	3825

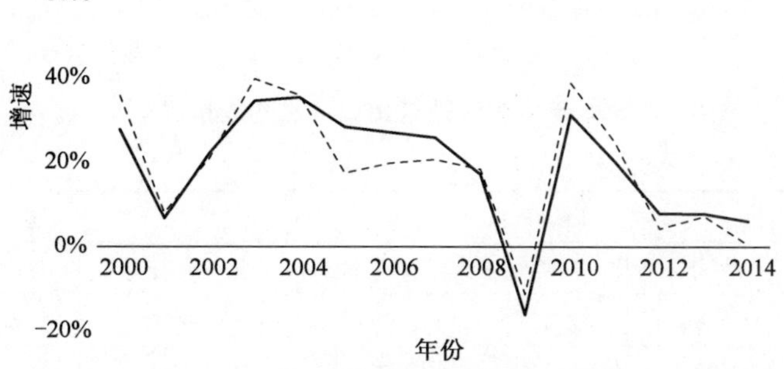

图 5-9　2000 年以来我国对外贸易发展情况

数据来源：海关总署。

从图5-9可以看出,“十五”以来我国外贸进出口年均增长速度出现了两次高峰。第一次是2002~2004年,主要是受入世的影响,我国进口和出口增速双双提高,同时绝对量的增幅也显著扩大。第二次是在2010~2011年,其速度快速提高的主要原因是由于之前受金融危机冲击,前期基数较低造成的。

2.进出口商品结构发展情况

“十五”以来,随着我国产业结构的优化升级和国际产业分工的调整,我国进出口商品结构也发生了重大变化。

首先,在出口方面:工业制品所占比重继续提高、初级产品所占份额则相应下降。出口中,工业制品所占比重由2000年92.8%稳步提升至2014年94.5%,初级产品占比则由7.2%下降至5.5%。同时,资本技术密集型产品在出口中的比重大幅上升,2000~2014年,机电产品出口额由793亿美元提升至9655亿美元,占出口工业制品的比重由34.3%上升至43.7%,成为外贸出口快速增长的重要支撑力量。

其次,在进口方面:近年来,我国进口原油、铁矿石等大宗原材料的规模和商品价格逐步增长,同时我国制造业的发展使得部分工业制成品需求可以由国内满足,因此我国初级产品进口额增幅明显、工业制成品占比下降。2014年,初级产品进口额6155亿美元,占我国进口比重为32.8%,占比提升近13个百分点,较2000年年均增长20.5%。

2000年以来我国分商品结构进、出口额完成情况参见表5-5,分进、出口商品构成参见图5-10。

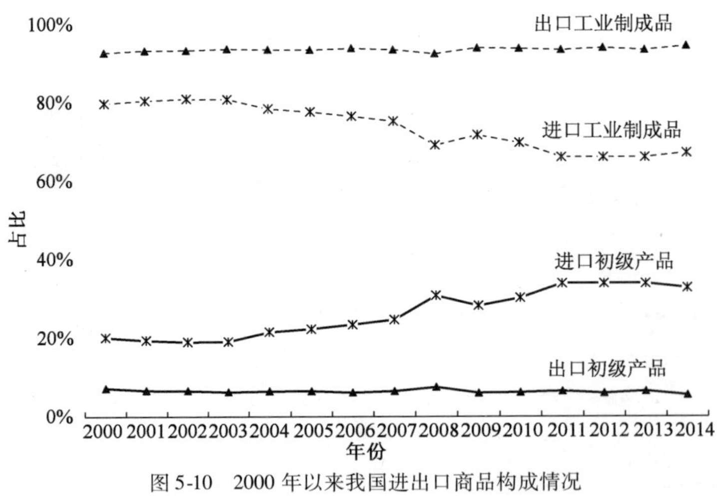

图5-10 2000年以来我国进出口商品构成情况

数据来源:海关总署。

1995年以来我国进出口商品构成情况

表5-5

单位:亿美元

年份	出口			进口		
	小计	初级产品	工业制成品	小计	初级产品	工业制成品
1995	1488	215	1273	1321	244	1077
2000	2492	255	2237	2251	467	1784
2005	7620	490	7130	6601	1477	5124

续上表

年　份	出　口			进　口		
	小计	初级产品	工业制成品	小计	初级产品	工业制成品
2010	15760	970	14790	13777	4164	9613
2014	23394	1294	22100	18774	6154	12620

5.3.3　集装箱化的影响

与发达国家相比，我国的集装箱化虽然起步较晚，但发展速度很快。集装箱化对港口吞吐量的影响主要体现在以下两方面：

首先，适箱货的装箱率显著提高，根据对沿海港口（不包括长江南京以下港口）的分析，1995 年以来集装箱货重占件杂货总量的比重呈明显上升的发展趋势，详见表 5-6。

集装箱货重与件杂货对比表　　表 5-6

单位：万 t

年　份	件　杂　货[①]	集装箱货重	集装箱货重/件杂货
1995	14333	3721	26.0%
2000	33000	14317	43.4%
2005	93468	49359	52.8%
2010	193834	108428	55.9%
2014	290285	171207	59.0%

注：①件杂货主要包括：机械设备、化工原料及制品、有色金属、轻工医药、农林牧渔业产品及其他货类。

其次，集装箱化还表现为适箱货范围的扩大。一方面，煤炭、水泥、粮食等原先全部通过散货或杂货运输的货物也开始有少量采用集装箱运输；另一方面，集装箱化正由外贸运输向内贸运输扩展。“九五”期以来，内贸箱化率的提升是拉动内贸集装箱吞吐量增长的重要因素之一。

5.3.4　“干线港-喂给港”港口体系的影响

“九五”以前，由于我国集装箱运输规模小、航班密度低，沿海港口基本上都处于向境外干线港喂给的地位。“九五”以来，随着我国沿海集装箱港口的发展，我国“干线港-喂给港”港口体系已经初步建立，原先到境外中转的集装箱货物逐步改由境内的干线港运输或中转，成为推动港口吞吐量增长的重要因素之一。当前，集装箱港口分层次发展的主要特点是：

1. 干线运输快速发展，国际航线集中度进一步提升

2000 年以来，我国沿海集装箱干线港进入快速发展期，八大干线港国际航线吞吐量由 1788 万 TEU 增长至 1.45 亿 TEU（表 5-7）。

分港口来看，目前上海港、宁波-舟山港、深圳港在港口吞吐量规模、国际航线直达运输比例、国际中转箱量以及港口通达性等方面表现突出，其他港口吞吐量规模均位居世界前列，但航线直达比例、国际中转规模等方面仍存在一定差距。

同时，国际航线运量进一步向干线港集中。2000 年以来，八大干线港完成的国际航线吞吐量占我国沿海港口的比重由 86.9% 提升至 92.8%。

八大集装箱干线港发展情况

表 5-7

港　口	吞吐量规模(万 TEU)		航线直达比例		国际中转完成量(%)	
	2005 年	2015 年	2005 年	2015 年	2005 年	2015 年
大连港	269	945	70.0%	79.2%	5	15
天津港	480	1411	86.7%	90.5%	—	22
青岛港	631	1744	89.1%	92.2%	25	42
上海港	1808	3654	92.3%	95.1%	100	251
宁波港	526	2063	93.0%	95.6%	40	240
厦门港	334	918	89.0%	92.5%	—	26
深圳港	1620	2420	80.5%	88.7%	200	318
广州港	468	1740	12.2%	36.6%	—	26
合计	6212	15404	—	—	370	940

2. 支线网络基本成型,干支格局逐步完善

近年来,受到集装箱船舶大型化、航运联盟等因素影响,干线港在外贸集装箱运输中的枢纽作用继续提升,在此因素带动下,沿海港口支线运输也得到了较快发展。2014 年,我国沿海港口完成外贸集装箱内支线吞吐量 1244 万 TEU,较 2000 年增长近 10 倍。

5.4　内贸集装箱吞吐量增长原因

由于缺少海关进出口统计等相关数据的支撑,目前还很难对内贸集装箱的生成机理进行较为深入和准确的分析判断。下面,就结合一些初步认识,从需求的角度,对内贸集装箱运输的增长原因进行简单的说明。

初步判断,推动水路内贸集装箱运输不断增长的因素主要包括以下四个方面:

(1)国内贸易是推动内贸集装箱运输持续、高速增长的根本原因;

(2)“散改集”产生了大量新增运量,目前内贸集装箱货物很大一部分由块煤、粮食(大豆、玉米等)、钢铁等散货装箱而来;

(3)国内沿海运输中件杂货装箱比例的持续提高;

(4)公路、铁路货物“陆转水”。

在我国内贸集装箱运输发展的不同阶段,上述各因素的影响程度也有所不同。如在发展初期,国内贸易的发展和件杂货装箱比例提高的作用最为突出;到发展成熟阶段,件杂货装箱比例提高的影响逐步减弱,而“散改集”的影响显著增强。

此外,由于南北区域在资源禀赋、产业结构等方面的差异,不同地区的内贸集装箱货源结构和生成机理上有明显差异。如当前,在东北、华北地区至华南的南下货源中,块煤、玉米、钢材等货类的“散改集”对箱量增长的贡献接近 50%;华东华南地区的北上货物中,件杂货的装箱率提高的贡献在 50% 以上;而华南地区近几年吸引了较多北上汽运货物的转移,在其箱量增长中的贡献达到了 10% ~20%。

考虑到“散改集”对当前沿海内贸集装箱运输的重要影响,特通过举例的方式对其进行分析。

2005 年以来，我国南北物资调运中煤炭、粮食等散货装箱，即"散改集"的运输规模持续快速增长。目前，营口、天津等环渤海区域港口的散、杂货物已经占到内贸集装箱货源的 70% 左右，打破了传统意义上"散"和"集"的界限。同时，电器等机电产品、纺织服装等轻工产品的装箱运输比例小幅提升，成为内贸集装箱的新兴增长点。根据调研，典型港口 2005 年、2014 年的内贸装箱货物品类及占比见表 5-8。

典型港口主要内贸装箱货物情况　　表 5-8

港　　口	2005 年出港	2014 年出港
天津港	煤炭 40% 钢材 50% 其他 10%	粮食及制品 15% 煤炭 50% ~60% 钢材 20% 化工品 10% 其他 5%
营口港	粮食及深加工 65% 矿产品 16% 食品类 3% 汽贸类 4% 化工品 4% 木制品 3% 其他 5%	粮食及深加工 47% 矿产品 14% 食品类 11% 汽贸类 8% 化工品 5% 木制品 5% 其他 10%
广州港	陶瓷建材 70% 生活日用品 30% 煤炭 10%	陶瓷建材 20% ~25% 电器 10% ~15% 日用品、服装、食品等 10% ~15%

根据前述分析可知，内贸集装箱的运输对象不仅包括机器设备、服装鞋帽等工业制成品，还包括煤炭、粮食、矿建材料等各类货物，几乎涵盖了港口运输的大部分货类。2005 年以来，沿海港口内贸货物装箱比率❶快速提升。2015 年，全国沿海港口共完成内贸货物吞吐量 58.1 亿 t，其中内贸集装箱吞吐量达 11.3 亿 t，占比为 19.4%，较 2005 年的 8.5% 提升近 11 个百分点（图 5-11）。

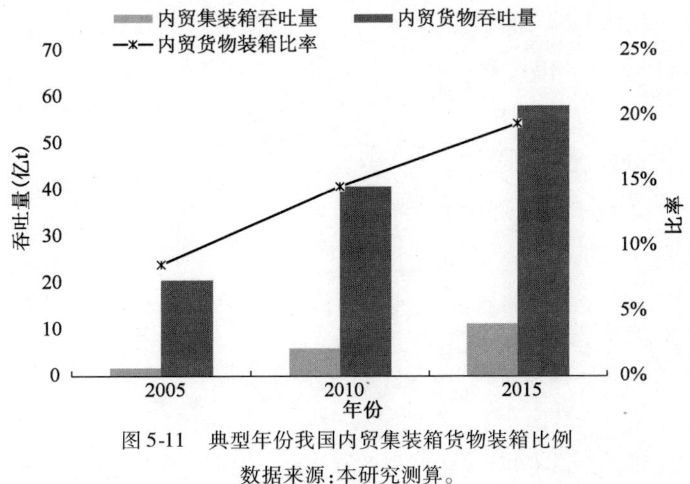

图 5-11　典型年份我国内贸集装箱货物装箱比例

数据来源：本研究测算。

❶内贸货物装箱比率 = 内贸集装箱吞吐量/内贸货物吞吐量。

第三篇

集装箱吞吐量预测

第6章　国际经验与启示

欧美等发达国家的集装箱运输已经历了半个多世纪的发展,目前集装箱运输技术与网络日臻成熟。从集装箱运输的发展历程看,发达国家已经经过了快速成长的发展阶段,目前基本处于平稳发展时期。分析发达国家集装箱的发展历程,对于研究和分析我国未来集装箱的发展趋势具有重要的借鉴意义。

本次研究选择美国、日本和英国3个发达国家,并对三国的港口集装箱吞吐量、商品货物外贸进出口额和集装箱生成系数等发展情况进行了重点分析。

6.1　美国

6.1.1　概况

全球集装箱运输在20世纪50年代起源于美国,在之后的半个多世纪里,美国集装箱无论在运输规模还是发展水平等方面都保持长期世界前列。20世纪80年代以来,全球出现产业转移浪潮,大量制造业由以美英为主的工业大国向亚洲四小龙等地转移。同期,美国经济也从制造业快速向知识产权和服务业转型,导致本国制造业开始经历趋势性萎缩。在此影响下,美国港口集装箱吞吐量增速自20世纪80年代后逐步回落。

美国经济结构全面转型服务业后,进口消费品成为拉动美国集装箱运输增长的重要动力之一。其间,随着与远东地区,尤其是中国贸易的快速增长,美国集装箱港口吞吐量实现了持续的增长。同时,美国集装箱货物的进出口结构、装箱货物构成也在逐步发生变化。

2007年,次贷危机爆发,美国经济受到严重冲击,对外贸易萎缩,集装箱吞吐量大幅下降。2010年之后随着美国以及全球经济的缓慢复苏,港口集装箱运输也逐渐回暖,吞吐量重回上升通道。

由于数据有限,下面重点对1978年以来美国港口集装箱吞吐量发展变化情况进行初步的分析。

6.1.2　发展特点

回顾历史,美国海上集装箱运输的发展呈现出以下特点:

1.外贸集装箱运输总体保持增长,但增速持续回落

总体来看,美国港口外贸集装箱运输规模长期保持增长态势。1978~2014年,美国港口集装箱吞吐量从594万TEU增长至4649万TEU,年均增长5.9%。根据增速的变化情况,1978年以来美国港口集装箱运输的发展可以分为以下4个阶段:

(1)1978~1984年,增长步伐迅速,但增速波动明显。1984年集装箱吞吐量突破1000万TEU大关,达到1090万TEU,期间增速最高达到了22%(1979年)、最低为-2.4%(1981年),平均增速为11.2%。

(2)1985～1995 年，增长的步伐放缓，但增速波动明显收窄。到 1995 年，美国集装箱吞吐量达到 1910 万 TEU，期间增速的变化范围为 2.0%～8.6%，平均每年增长 4.7%。

(3)1996～2006 年，平均增速有所回升，但波动也有所放大。期间增速大体在 0～14%之间波动，年均增长 7.2%。

(4)2007 年至今，吞吐量和吞吐量增速都出现大幅波动，平均增速回落明显。2007 年美国集装箱吞吐量仅增长 1.8%，与上一年相比明显下降，而之后更是出现了持续两年的负增长，2009 年集装箱吞吐量仅为 3129 万 TEU，比 2007 年下降幅度达 25%左右。2010～2011 年，吞吐量又出现大幅反弹，并在 2011 年达到 4300 万 TEU 的新高。之后，吞吐量增速再次回落到个位数，并持续至今，详见图 6-1。

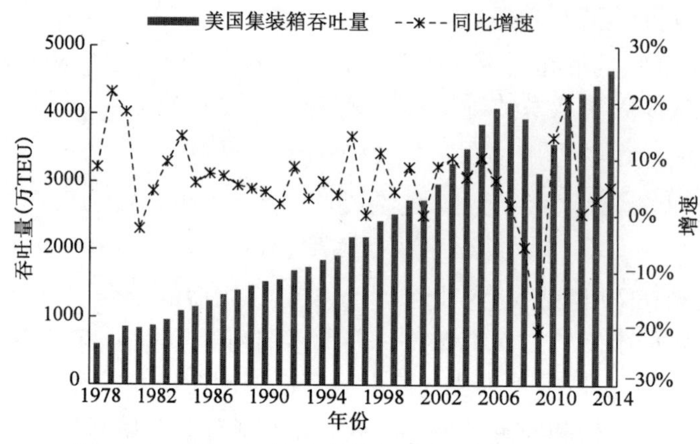

图 6-1　1978 年以来美国集装箱港口吞吐量及增速变化情况

值得一提的是，目前占美国约 2/3 经济体量的消费品大量需要进口，作为美国商品进出口的主要门户，集装箱港口进口集装箱大于出口。2007～2009 年间，由于国内经济不景气，造成进口集装箱大幅下降；而出口集装箱的发展却相对平稳，并未出现剧烈波动。

2. 西海岸港口发展迅速，近年来受金融危机冲击较大

20 世纪 80 年代之前，美国大部分海运集装箱基本都由东海岸港口处理。随着美国与亚太国家间贸易的增加，东海岸港口集装箱吞吐量所占比重逐步下降，而西海岸港口所占比重不断上升。1986 年，西海岸港口集装箱吞吐量超过东海岸，成为美国集装箱运输的主体。目前，美国十大集装箱港口中有五个位于西海岸(Los Angeles、Long Beach、Seattle、Tacoma、Oakland)，四个在东海岸(New York/New Jersey、Savannah、Hampton Roads、Charleston)，只有一个位于墨西哥湾(Houston)。

美国次贷危机爆发之前，与东海岸和墨西哥湾相比，西海岸港口集装箱吞吐量始终保持较快的增长速度。2007 年后，金融危机导致美国失业率居高不下、美元贬值、消费信心和需求下降，从亚洲市场进口的消费品骤减，美国西海岸港口的集装箱吞吐量出现了大幅负增长，而且降幅要大于东海岸，参见图 6-2。

3. 港口集中度经历了先上升后下降的过程

从港口集中度来看，美国集装箱运输经历了先上升后下降的发展过程。首先，美前十大集装箱港口完成吞吐量在全国所占比重快速提升，2009 年该比例达到 85%。随后集中度出现下降趋势，到 2014 年前十大集装箱港口占比逐步回落至 78%。从港口个数来看，美国集

装箱港口数量由增长趋于基本稳定。20 世纪末期,美国集装箱港口数量呈现快速增长;进入 20 世纪之后,集装箱港口数量基本维持在 50 个。

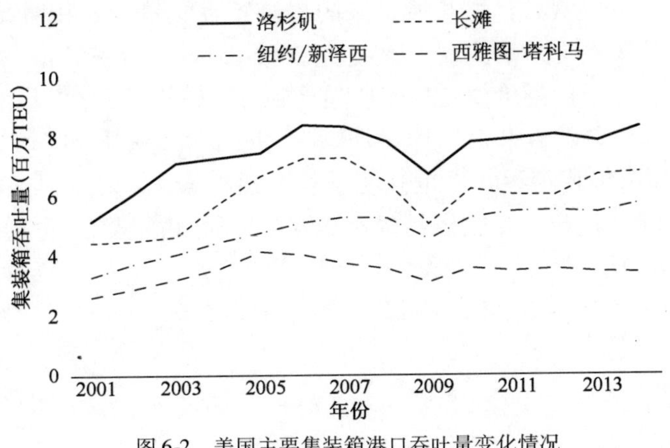

图 6-2　美国主要集装箱港口吞吐量变化情况

从典型集装箱港口的发展来看,2000 ~ 2014 年期间,洛杉矶港的集装箱吞吐量增长最为显著,这与美国与亚太国家,特别是中国贸易量的增长息息相关。同样,得益于与欧洲贸易量的增加,纽约/新泽西港的集装箱吞吐量也有较大提升。萨凡那港、休斯敦港保持了较高的年均增速,反映出美国与拉美国家贸易的扩张,以及其货运物流枢纽和分销中心的变化趋势。

6.1.3　集装箱吞吐量与对外贸易的关系

美国港口集装箱吞吐量与货物外贸额之间存在紧密联系。1978 年以来二者的相关系数为 0.9805(图 6-3),具有强相关性。另一方面,通过对美国集装箱生成系数[❶]的分析可以看出,二者关系也在不断地发生变化,生成系数整体呈现出逐步下降的趋势,即集装箱货运量的增长速度要低于外贸进出口额。

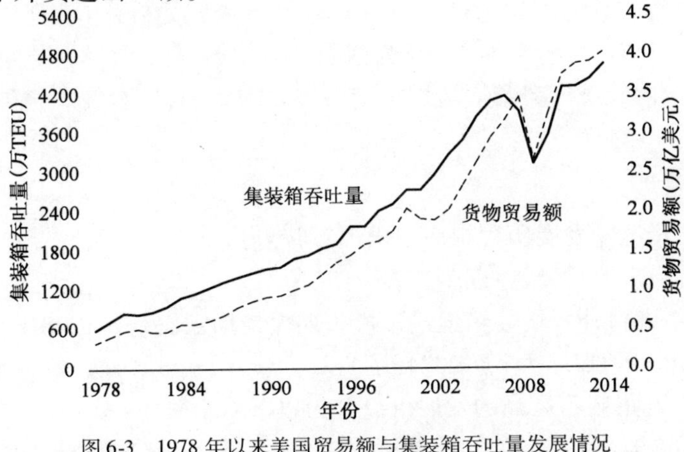

图 6-3　1978 年以来美国贸易额与集装箱吞吐量发展情况

❶生成系数是外贸集装箱生成量与外贸进出口额的比值。由于统计数据的可得性,本章对美、日、英集装箱生成系数进行粗略匡算。

1978～2007年，美国集装箱吞吐量与货物外贸额二者相关系数达到0.9919。同期，生成系数经历小幅波动后逐步回落，由约0.20下降至0.13。反映出在产业结构调整、进口货物货值提升等因素下，单位贸易额增长所带来的集装箱吞吐量增长相对减少。次贷危机爆发后，美国贸易与集装箱吞吐量均出现大幅波动，2008、2009年连续下滑。同时，由于进口轻泡货物所受影响较大，而出口高价值的技术产品受到冲击较小，因此集装箱量降幅明显大于贸易额降幅。两年间，集装箱吞吐量平均年降幅24.9%，对外贸易额降幅为16.0%。2010～2014年，随着贸易复苏，集装箱吞吐量也恢复增长。2013年，美国被中国超越，位居世界第二大货物贸易国，2014年进出口货物贸易额4.0万亿美元，占世界比重10.6%。近年来，生成系数基本稳定在0.11左右。

6.2 日本

6.2.1 概况

日本是一个岛国，港口在日本经济发展中起着极为重要的作用。目前，日本国内货运50%[1]依赖于近海船运，国际贸易货运几乎全部通过海运完成。就集装箱货物而言，由海运承担了总量的98%左右，另外仅有2%通过空运。此外，港口不仅仅是海运的集散站，也集聚了大部分城市与工业区，是日本经济发展的重要载体。

从1950年"港湾条例"颁布至20世纪60年代初期，日本处在战后经济增长的第一阶段。战争导致日本主要国际港口严重堵塞，港口投资优先考虑外贸码头。至1970年左右，日本迎来经济高速增长时期，大量的滨海工业区和特殊的大批量货物转运站建立起来。期间，日本第一个集装箱码头于1967年在东京港建成。

1970年至1985年间，石油危机使日本的经济增长减缓，但同期制造业快速发展起来。一批集装箱、汽车等专用码头陆续建成投产，用以出口迅速增长的制造业产品，日本集装箱港口在世界港口排序中占据着重要位置。日本利用港口海运优势弥补了资源短缺的不足，创造了战后经济腾飞的辉煌。无论是原料进口还是市场向海外出口，都离不开港口的重要支撑，在经济全球化进程中逐步形成了较为成熟的港口经济发展模式。自20世纪90年代后期以来，受日本国内经济形势和周边国家港口发展的影响，日本集装箱港口的发展和建设速度有所减缓（图6-4）。

6.2.2 发展特点

日本海上集装箱运输发展历程中表现出以下特点：

1. 集装箱保持稳步增长，增速逐步放缓

总体来看，日本港口外贸集装箱运输规模长期保持增长态势。1978～2014年，日本港口集装箱吞吐量从246万TEU增长至2074万TEU，年均增长6.1%。根据增速的变化情况，1978年以来日本港口集装箱运输的发展可以分为以下4个阶段：

（1）1978～1990年，增长迅速。20世纪中期，日本逐步承接美国等国家的钢铁、纺织等劳动密集型产业，制造业快速发展，20世纪80年代跃升成为仅次于美国的第二大经济体。

---

[1] 该比例为按照吨·公里测算。

由此，日本集装箱运输快速发展，1978～1990年，日本港口集装箱吞吐量由246万TEU增长至796万TEU，年均增长10.3%。

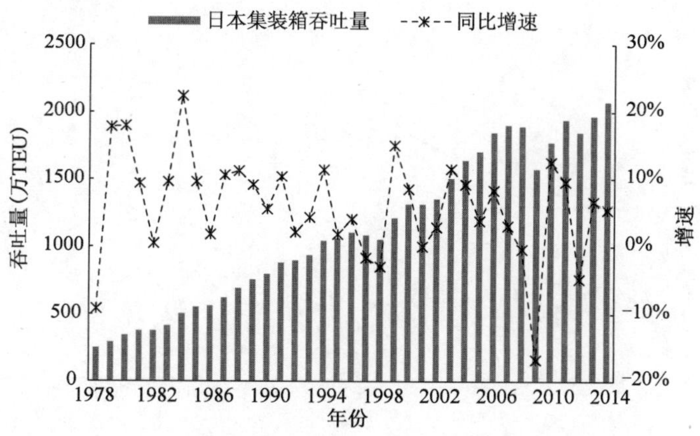

图6-4　1978年以来日本集装箱港口吞吐量及增速变化情况

(2)1991～2000年，增速总体回落。20世纪90年代日本发生经济危机，对外贸易受到严重冲击，导致集装箱吞吐量在1997、1998年连续两年下降，之后在1999年大幅反弹。1990～2000年，日本集装箱吞吐量增长至1313万TEU，年均增速为5.1%。

(3)2001～2010年，增速大幅波动。受2008年以来全球金融危机的影响，日本港口集装箱吞吐量在2008、2009年出现大幅下降，拖累该阶段年均增速进一步放缓至3.0%，2010年吞吐量回升至1773万TEU。

(4)2011～2014年，增速艰难回调。随着世界经济的缓慢复苏，集装箱运输呈回暖态势。其间由于2012年地震影响，港口吞吐量短暂下降。到2014年箱量增长至2074万TEU，年均增速总体回升，达到4.0%。

2. 布局集中于三大湾区，主要港口增长情况分化

日本集装箱港口发展与后方工业布局紧密相关，特别是大型集装箱港口，均分布于大型湾区内。日本经济产业重点集聚在四个中枢国际港湾，分别为东京湾、伊势湾、大阪湾、北部九州港湾；另外较为重要的国际港湾还有8处。相应地，大型集装箱码头也主要集中在各大湾区中。如东京湾分布有东京港、横滨港，大阪湾分布有大阪港、神户港，伊势湾西北侧分布有名古屋港。

2000年以来，以金融危机爆发的2008年为分界点，日本五大集装箱港口发展呈现分化。2008年之前，各大港口均稳步增长，其中横滨港增速最快，2001～2008年年均增长6.1%；东京港、名古屋港、大阪港、神户港分别增长6.0%、5.9%、3.8%和2.5%。2008～2014年，大阪港、东京港恢复并保持增长，年均增速分别为3.8%、2.7%；神户港基本恢复至金融危机前港口吞吐量规模；名古屋和横滨港出现下降，降幅分别为0.5%和3.1%(图6-5)。

3. 日本政府重视港口发展，对集装箱运输的增长发挥积极作用

日本政府把港口看作是推动日本国际贸易发展、促进产业结构调整和带动区域经济繁荣的社会基础设施，对港口建设发展极为重视。依据港口在国家经济中的重要程度，日本将港口规划为四类，分别是：①国际战略港口；②特别指定重要港口；③重要港口；④地方港口。

日本政府对不同层次的港口实施不同的管理政策和资金补助政策,并将投资主要集中在大型港口(表6-1)。

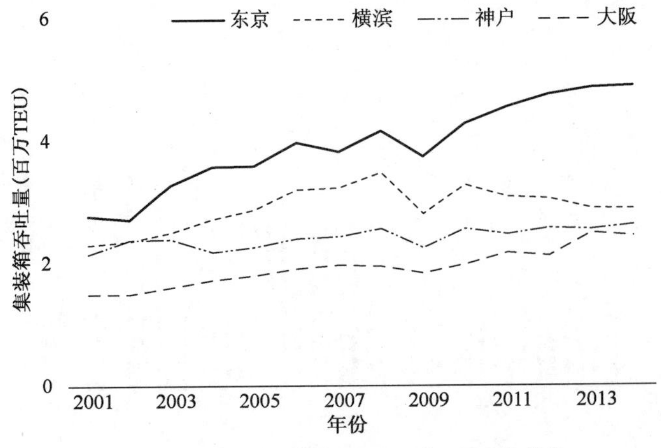

图6-5　日本主要集装箱港口吞吐量变化情况

日本港口分层次变化情况

表6-1

港口类型	各层次港口数量	港口类型	各层次港口数量
总计	994	重要港口	102
国际战略港口	5	地方港口(港湾)	869
特别指定重要港口	18		

自2001年以来,原处于世界先进行列的日本港口几乎全部落后于后起之秀的中国上海、深圳、天津、大连和青岛等港口,原先挂靠日本港口的国际班轮纷纷转向中国等亚洲其他港口。为扭转这一局面,日本政府当前正力推集装箱枢纽港国际战略方案(简称ISH,下同),其目标是一方面让本土的进出口集装箱尽可能全部在日本枢纽港始发或转运,另一方面则通过提升服务质量、装卸效率和实施优惠的港口费率,吸引更多的国际主干航线,包括部分支航线上的集装箱班轮,尽可能减少挂靠中韩等邻国港口,直接改道挂靠日本主要港区。此类举措对增加日本集装箱枢纽港的箱量发挥了积极的作用。

6.2.3　集装箱吞吐量与对外贸易的关系

1978年以来,日本港口集装箱吞吐量与货物外贸额之间相关系数为0.9658,高度相关。而生成系数总体呈现波动下降的态势,但回落幅度略小于美国。

20世纪70至80年代,日本处于中速增长阶段,"贸易立国"成为该阶段的基本方针。随着贸易的增长,集装箱运输的普及以及集装箱港口基础设施的不断完善,日本港口集装箱吞吐量较快发展。1978~1985年,集装箱吞吐量较贸易额快4个百分点,生成系数由0.14上升至0.18。1985~2002年,产业结构调整与港口运输的加快发展成为影响生成系数的两大因素。一方面,随着日本由资本密集型产业向技术密集型产业演进,钢铁、化工、纺织等产业衰退,电器机械、精密仪器等高附加值产业逐步成为制造业核心,导致单位贸易额增长带来的箱量增长减少。另一方面,集装箱"干支"运输体系不断完善,对周边国家箱源吸引力有所提升,导致生成系数提升。在综合因素作用下,该时期生成系数围绕0.16上下波动。2002~2014年,日本沿海集装箱网络基本构建,同时期产业结构仍在不断调整,带动生成系

数由 0.18 逐步回落至 0.14(图 6-6)。

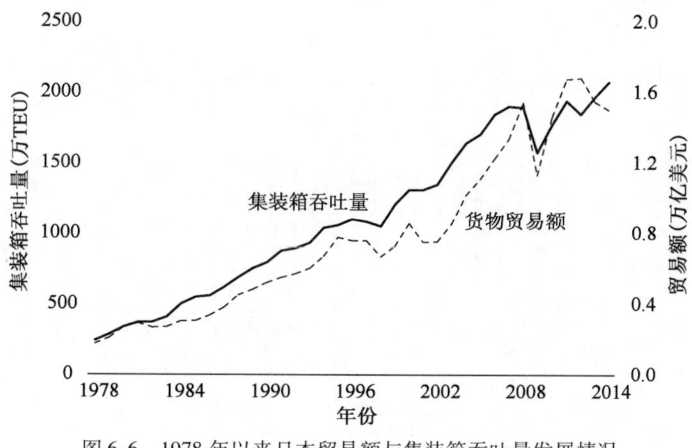

图 6-6　1978 年以来日本贸易额与集装箱吞吐量发展情况

6.3　英国

6.3.1　概况

英国是欧洲西北部大西洋中的一个岛国。由大不列颠岛、爱尔兰岛和其他几百个小岛组成。英国本土面积 24.4 万 km^2，仅为我国国土面积的 2.5%，但英国海岸线长达 1.25 万 km，为中国(不含港澳台地区)海岸线的 69.4%。英国沿海海域面积约 30 万 km^2，是欧洲沿海面积最大的国家之一。英国海岸分布有 650 余个港口，其中约 120 个商业港口。作为老牌航海国家，英国还拥有位列全球前列的商船船队，在集装箱船队、离岸支持和其他专业航运活动等领域均具有较高发展水平。

1967 年英国第一个集装箱专业码头建成。此后，集装箱港口在英国对外贸易中的地位日趋突出。20 世纪 80 年代后，随着英国对外贸易的发展，港口集装箱吞吐量规模不断攀升；同时由于产业结构不断调整，集装箱吞吐量增幅总体回落。另外，随着英国经济贸易的重心由美洲国家向欧盟转移，港口重心也经历了自西向东转移的过程，与欧洲大陆相临近的东部港口得到较快发展。近年来，英国提出北部港口发展战略设想，旨在推动北部区域海上枢纽的形成，并促进沿海铁路和公路运输，优化集装箱运输组织方式与集疏运通道(图 6-7)。

6.3.2　发展特点

1. 吞吐量总体保持波动上行

总体来看，英国港口外贸集装箱运输规模长期保持增长态势。1990 ~ 2014 年❶，英国港口集装箱吞吐量从 397 万 TEU 增长至 952 万 TEU，年均增长 3.7%。根据增速的变化情况，1990 年以来英国港口集装箱运输的发展可以分为以下 3 个阶段：

(1) 1990 ~ 2000 年，增长势头良好。英国经济快速发展，产业结构调整加快。该时期，英国港口集装箱吞吐量由 397 万 TEU 增长至 674 万 TEU，年均增长 7.5%，增幅领先美国、日本等国家。

---

❶由于目前查询到的英国港口集装箱吞吐量统计最早至 1990 年，因此英国时间序列采用 1990 ~ 2014 年。

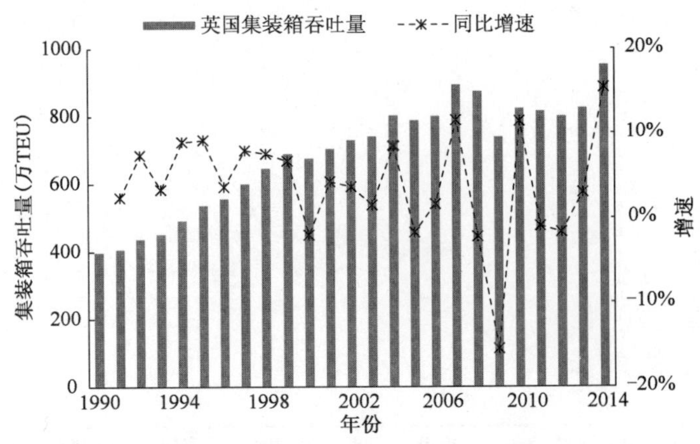

图 6-7 1978 年以来英国集装箱港口吞吐量及增速变化情况

(2)2001~2010 年,增速震荡缓慢上行。在多方面因素影响下,英国集装箱吞吐量进入震荡上行期,虽然总体保持了增长态势,但分别在 2000、2005、2008 年等多个年份出现负增长。2010 年,港口集装箱吞吐量达到 822 万 TEU,该时期年均增速 2.0%。经过金融危机冲击后,集装箱吞吐量规模出现了暂时的停滞。

(3)2011~2014 年,增速由负转正。2011、2012 年,集装箱吞吐量连续两年小幅下降,规模维持在 800 万 TEU 左右;2013、2014 年,受益于英国经济的回暖,吞吐量增速止跌回升。2014 年更是达到 2007 年以来的最快增幅,同比增长 15.4%,吞吐量达 952 万 TEU。

2. 港口分布密集,主要集装箱港口集中在东南部

英国海岸线长、港口密度高。据统计,平均 38km 分布有一个港口,在工业发达的地区港口尤为密集,10~20km 就有一个中型港口。例如,南威尔士从斯旺西到新港超过 100km 共分布有五个中型港口;汉姆伯港口群位于东海岸中部,30km 范围内坐落着赫尔、古勒、格雷斯波和伊敏汉姆 4 个港口。

从集装箱港口来看,英国集装箱运输主要集中在南安普顿、费力克斯托等港口(图 6-8)。2014 年,两港集装箱吞吐量分别为 407 万 TEU、183 万 TEU,分别占英国总吞吐量的 42.8% 和 19.2%。未来,英国政府预计其港口集装箱吞吐量将进一步增长。为满足需求,英国政府计划扩建伦敦港、费力克斯托南港区、贝斯湾和莫尔西港等港口,预计未来将增加超过 700 万 TEU 的码头通过能力。

3. 以集装箱运输为依托,航运服务业迅猛发展

英国世界贸易、金融中心发展的同时孕育了航运服务中心的形成。1649 年以来,以伦敦为中心的许多英国城市形成了以纺织业和采矿业为主的产业结构,带动海运业快速发展。1930 年后伴随国际贸易迅猛增长,英国航运业进入鼎盛期,形成了若干海事集群地,主要有:伦敦海事集群(世界级高端航运服务业的中心地)、西南海事集群(主要在普利茅斯、南丹佛等四城市,集中了几家海运企业和英国海事委员会等公共机构)、默西海事集群(中心地是利物浦,以物流为主)和东南海事集群(英国最大的休闲娱乐性海事产业集中地,以小型企业为主)。在 19 世纪和 20 世纪,伦敦港是欧洲最重要的枢纽港。目前,伦敦港口货运功能虽然有所减弱,但仍凭借强大的航运服务功能居于国际航运中心前列,不断创新与衍生航运交

易、融资、海事保险、海事法律和仲裁等航运相关服务产业集群，并主导制定国际航运服务业及相关行业的系列国际标准与市场规则。

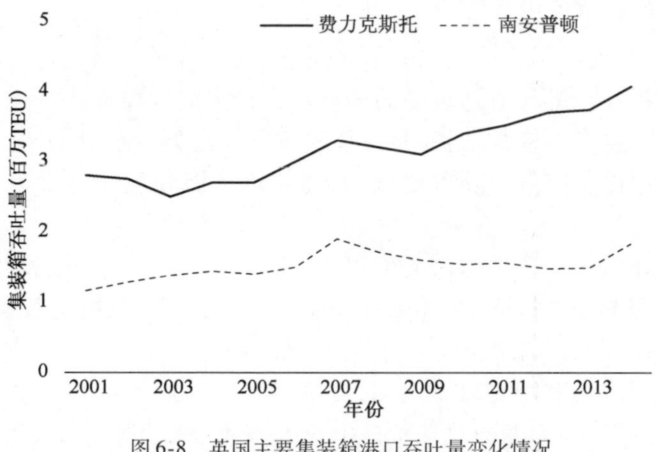

图6-8　英国主要集装箱港口吞吐量变化情况

6.3.3　集装箱吞吐量与对外贸易的关系

1990年以来，英国港口集装箱吞吐量与货物外贸额之间相关系数为0.9120，具有强相关性。其生成系数总体呈现前期平稳、后期下降的态势。另外，根据与美国、日本的比较可以看出，英国的外贸集装箱生成系数在三国中处于较低水平。

1990～2000年，英国贸易额年均增长4.4%，低于同期美、日贸易增幅。该时期，以伦敦为代表的港口城市航运服务业得到快速发展，而集装箱吞吐量并没有实现大幅增长，英国集装箱吞吐量年均增速为5.4%，生成系数稳定在0.10～0.11内波动。

2000年以来，英国制造业产值持续收缩，服务业成为带动经济增长的主要力量。虽然如此，制造业产业结构仍持续调整、商品附加值不断提升。目前，英国港口进出口的制造业产品主要是机器设备、电器产品、汽车及零配件、珠宝及贵金属、飞机制品等。该时期，英国贸易额年均增长4.8%，港口集装箱吞吐量增速为2.5%。生成系数逐步回落，由0.11下降至0.08(图6-9)。

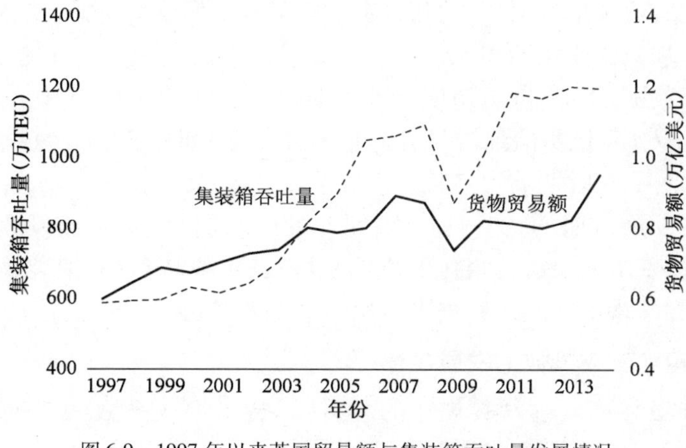

图6-9　1997年以来英国贸易额与集装箱吞吐量发展情况

6.4 有关启示

6.4.1 发达国家的有关经验

通过对美国、日本、英国等发达国家集装箱运输发展历程的分析，可以看出，随着经济贸易的发展，各国集装箱吞吐量与对外贸易的关系具有较强的规律性：

首先，集装箱吞吐量保持持续增长，且往往快于其他货类吞吐量增速。

其次，吞吐量增速逐步回落。随着基数增大、装箱率提升至较高水平等，各国集装箱吞吐量增速总体趋缓。

第三，集装箱吞吐量与外贸进出口关系密切，二者之间呈较强正相关性。

第四，生成系数呈现出“上升-稳定-回落”的变化特点。美、日、英集装箱生成系数曲线呈现出趋势一致性(图 6-10)，都经历了逐步升高、保持平稳、缓慢回落的过程。

第五，生成系数总体水平相对较低。如，美国对外贸易额和我国相差不多，但生成量要明显小于我国。一方面是因为美国对外贸易中很大一部分是和加拿大、墨西哥的贸易，陆路比重高；另一方面是商品结构的差异造成的。

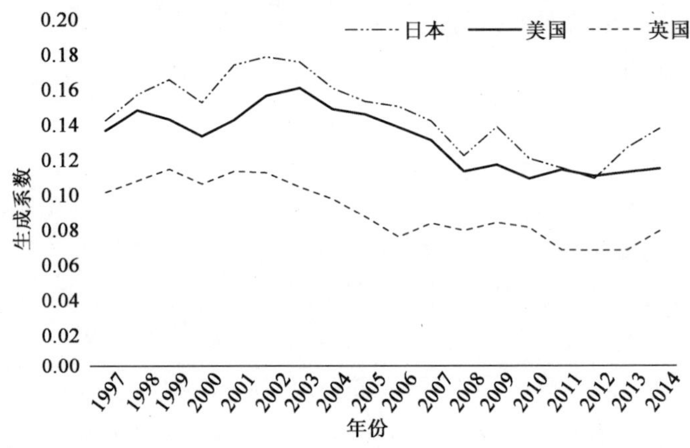

图 6-10 1997 年以来发达国家集装箱生成系数发展情况

第六，经济发展阶段和产业结构的不同导致同一时间各国生成系数水平差异。进入工业化的时期从前到后依次是英国、美国和日本。以蒸汽机发明为标志，英国在 18 世纪 60 年代初期成为第一个步入工业化的国家，并于 1840 年左右最早完成了工业革命，逐步向服务业转型。美国晚于英国，于 19 世纪初期开始工业化，到 19 世纪 60 年代基本完成工业化进程。日本从 19 世纪 60 年代明治维新开启工业化，直到 20 世纪 70 年代基本完成。反映在生成系数曲线上：首先，同一时期英国集装箱生成系数最低，其次是美国，日本则较高；另外，英国较早已进入平稳发展时期，而美、日在 20 世纪 80 年代仍处于生成系数的上升时期。目前，美、日、英三国已基本处于集装箱化的成熟阶段，其主要特点是：集装箱生成系数基本保持不变，而集装箱吞吐量主要随外贸进出口额的增长而增长。

6.4.2 生成量和生成系数的发展规律

根据对国内外集装箱运输发展规律的分析，集装箱生成系数的长期变化趋势类似于“∩”形曲线的增长特征，参见图 6-11。

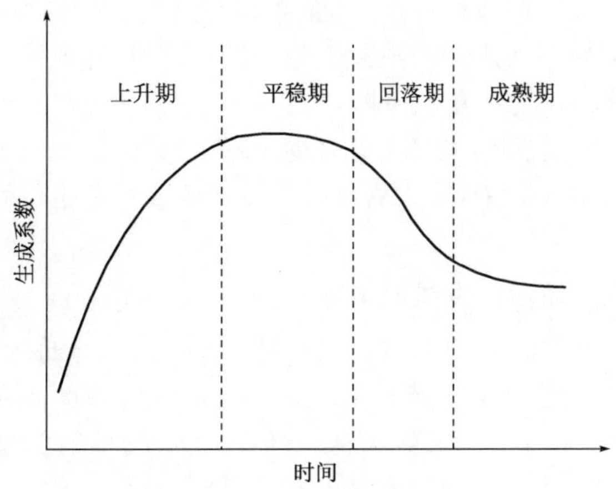

图 6-11　集装箱生成系数成长曲线

从图 6-11 可以看出，在发展初期(上升期)，生成系数快速增长；发展到一定程度后，增长幅度减缓，并逐渐进入平稳期，绝对量达到顶峰；继续发展进入递减区间(回落期)；随后，随着外贸商品结构和集装箱生成机制趋于成熟，生成系数将基本保持稳定，美国、日本和英国 3 个发达国家目前就处于这个发展阶段。

需要指出的是，生成量的变化趋势在发展的初期和中期与生成系数基本一致，但生成量的变化一般要滞后于生成系数：生成系数先进入平稳增长的发展阶段，生成量在外贸进出口额增长的带动下保持一定时期的增长后进入平稳期。此外，当生成系数开始回落和进入成熟期后，如果外贸进出口总额继续保持增长的态势，集装箱生成量一般不会下降，而是保持低速增长的发展趋势，参见图 6-12。

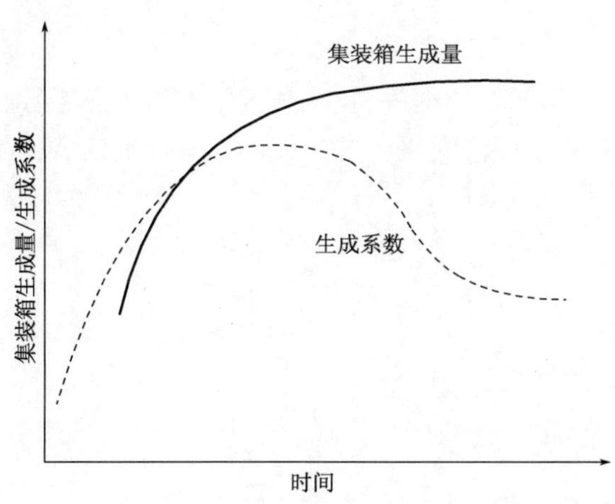

图 6-12　集装箱生成量成长曲线

生成系数出现以上发展趋势的原因是非常复杂的，是经济规模、产业结构、外贸水平、外贸结构、集装箱化程度等多种因素综合作用的结果。其中，影响最大的是箱化率和适箱货单位(金额)重量两个因素。在集装箱发展的初期，外贸产品结构中适箱货比例和装箱率较低，增长潜力大，随着产品结构的改善以及集装箱运输的发展，适箱货比例和装箱率迅速提高，在生成量变化中占主导地位，促进了生成量的快速增长；随着适箱货比例和装箱率达到一定高度,增长就会放慢。同期适箱货单位(金额)重量变化则更加复杂一些,可能会出现波动的情形,一方面高附加值产品比例会不断上升,另一方面较低值的产品也进入到装箱货之列,不过总的趋势是适箱货单位重量会下降。

到了发展高级阶段,随着箱化率发展潜力逐渐减小,其对生成量和生成系数的影响力会逐渐虚弱,适箱货单位重量成为主导因素,这时集装箱生成量和生成系数发展就进入了平稳期和回落期。

6.4.3 我国当前所处阶段及发展趋势判断

从生成系数的发展历程可以看出,我国经历了上升期、平稳期,目前基本处于生成系数的回落期。1990 年以来,我国外贸集装箱生成系数从 0.248TEU/万美元增长到 2002 年的峰值 0.555 TEU/万美元,提高了 1.2 倍左右。2014 年,生成系数为 0.259 TEU/万美元,较 2002 年的峰值减少了 53%(图 6-13)。

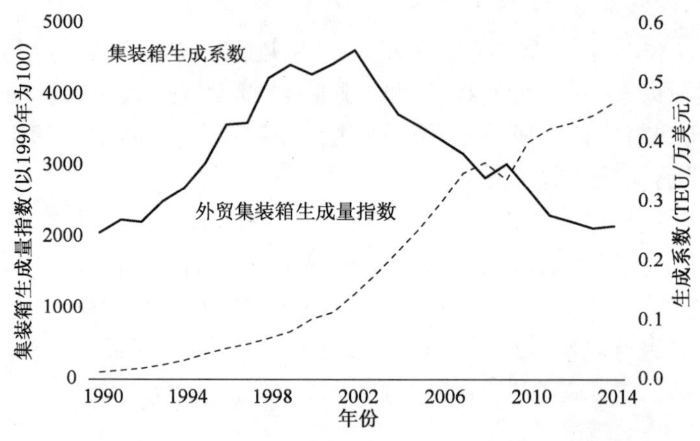

图 6-13 1990 年以来我国集装箱生成系数及生成量指数发展情况

未来,随着产业结构调整的持续推进,我国外贸集装箱生成系数将继续保持缓慢回落态势;中远期来看,生成系数将由回落期逐步进入成熟期。外贸集装箱生成量在较长一段时期内还将保持增长,但增速将有所放缓。

第7章　未来发展趋势展望

当前,世界经济仍然处于深度调整期,国际经济继续发生复杂深刻变化。我国正处于全面建设小康社会的战略攻坚和加快推进社会主义现代化的关键时期,转变经济发展方式、产业优化升级、推进区域协调发展、全面对外开放、实现绿色集约发展等成为新时期我国社会经济发展面临的新趋势和新要求。本章在分析国内外发展环境与我国社会经济总体发展趋势的基础上,研判集装箱运输格局与运输组织方式的发展趋势,尝试对未来我国沿海港口集装箱吞吐量发展情况进行初步预测。

7.1　发展环境

改革开放以来,中国经济保持了长期高速增长,取得了举世瞩目的成就。展望"十二五"到2030年的发展环境,影响我国经济发展的制度、技术和要素等各个层面的国际国内环境都将发生重要的变化。

7.1.1　国际发展环境

从20世纪60年代以来,全球经济虽然出现了多次短期波动,但总体保持了不断增长的发展趋势。2007年,全球经济总产出达55.8万亿美元,2000年以来年均增长3.1%。2008年,由于国际金融危机的影响,世界经济陷入了第二次世界大战以来最严重的衰退,全球经济和贸易总量在2009年分别出现了-2.2%和-12.1%的负增长。

当前,国际金融危机的影响仍未完全消退,但世界经济继续下行的风险正在减少。首先,发展中国家和新兴经济体已经先于发达国家迈入了复苏进程;其次,从发达经济体来看,美国经济已经逐步走出衰退,并表现出较为强劲的复苏势头,而欧洲经济进一步恶化的风险也在减弱。根据世界银行预测,2015年全球经济增速将达到3.3%。

未来,特别是从中长期发展趋势来看,世界经济的总体趋势是:

(1)全球经济将继续在波动中增长

1960年以来,全球经济总量从1.4万亿美元增加到70.0万亿美元,年均增速基本维持在2%~5%之间。期间,受多次经济危机影响,全球GDP增速先后在多个年份跌落至2%以下,但绝对量除2009年出现下滑外,其余年份都保持了增长的趋势。因此,从历史规律来看,尽管此次金融危机对世界经济产生了重大而持续的影响,但不会改变其长期向上的发展趋势(图7-1)。

另一方面,广大发展中国家仍具有十分广阔的发展空间,这也为世界经济的持续增长创造了条件。目前,世界高收入国家(人均GNI超过12000美元)总人口约11.4亿人,人均GDP达41063美元/人;而同期低收入和中低收入国家(人均GNI在1000美元以下和1000~4000美元之间)人口规模为33.5亿人,人均GDP为1656美元/人,仅为高收入国家平均水平的3.8%。如果其他条件保持不变,仅低收入和中低收入国家的人均GDP达到5000美元/人,全球经济总量就将在现状基础上增加约70%。

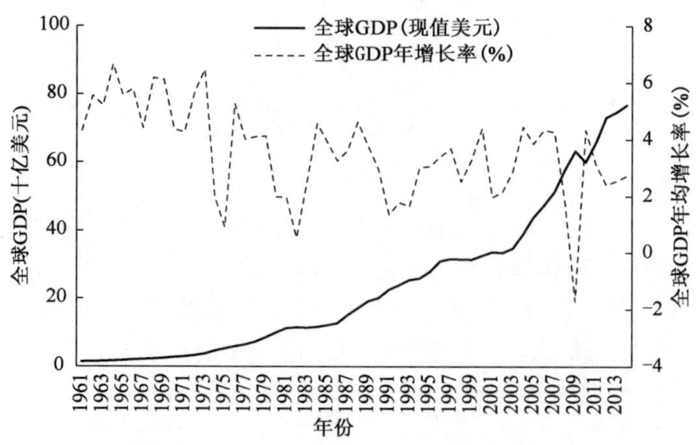

图7-1　20世纪60年代以来世界经济发展情况

数据来源:世界银行,World Development Indicators。

(2)全球贸易规模将进一步扩大,但增速将明显放缓

近年来,受国际金融危机影响,全球商品贸易出现较大波动,但目前看来,全球化进程并未改变,国家之间的经济联系日趋紧密。一方面,无论是从全球、还是从不同收入水平国家来看,贸易占经济的比重都呈现不断增长的趋势。今后,将有越来越多的国家参与全球经济合作,为国际贸易的增长提供保障。另一方面,中间品贸易量持续增加,成为推动贸易增长的重要动力。以美国波音公司的787客机为例,仅其发动机、机翼、机舱等主要部件涉及美、日、英、法、意等7个国家的45家公司。全球化的制造体系不仅为最终商品贸易的持续发展奠定了基础,同时也带动中间产品贸易量的快速增长。

全球贸易规模扩大的同时,贸易增速将有所放缓。一是美国、欧洲、日本等发达国家经济复苏过程持久而缓慢,居民消费方式和结构出现明显变化。二是,随着世界经济增长放缓,国际上贸易保护主义有所抬头,或将对贸易增长产生负面影响。三是美国作为世界上最大进口国家,页岩气革命和再工业化战略将推动美国进口减缓、出口增长加快(图7-2)。

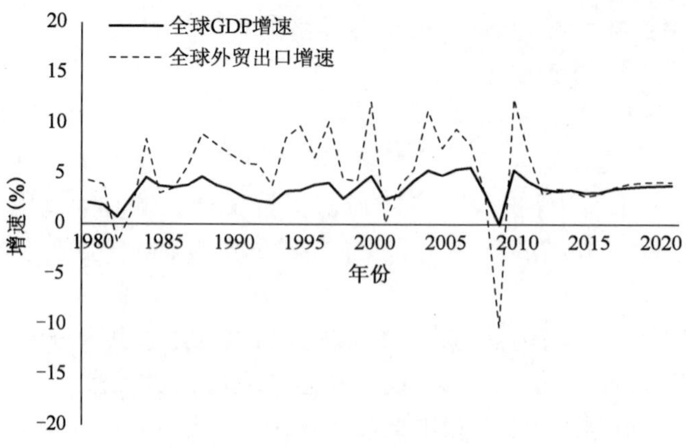

图7-2　世界GDP和外贸货物出口额增速变化趋势预测图

数据来源:IMF。

（3）发展中国家和亚太地区将继续引领全球经济贸易发展

随着世界经贸格局的发展和调整，全球经济贸易发展中心正在从大西洋向太平洋区域转移，经贸发展格局由传统的一极向多元主体阶段发展。未来全球国家和地区之间围绕市场、资源、人才、技术和标准的竞争将更加激烈，气候变化、能源资源安全、粮食安全等全球性问题更加突出。

目前，以中国为代表的发展中国家已成为引领世界经济增长的核心力量，未来发展中经济体的作用还将进一步加强。预计到2030年，我国将成为世界第一大经济体（图7-3）。

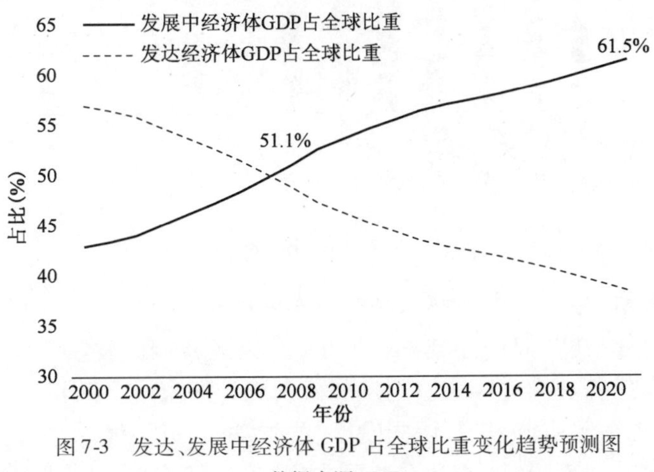

图7-3　发达、发展中经济体GDP占全球比重变化趋势预测图

数据来源：IMF。

（4）产业链分工变化

未来，国际分工体系将继续调整，全球生产组织结构由区域分工向全球价值链分工加速转变，由不同产品之间的分工向各国产业间分工、产业内分工和产品内分工并存的多层次、多样化的形态转变。目前49%的国际贸易产品和服务是由全球各地的生产网络共同完成的，该比重预计还将继续提升。传统的原材料、半成品和工业品的国际贸易、物流格局和海运航线结构将更加复杂和多元化。

此外，全球进入第四轮产业转移大潮，中国等发展中大国仍然是承接国际产业转移的主要阵地，特别是制造业，目前仅中国就承接了世界平均年新增生产能力的1/4，并且这种趋势在短期内不会出现重大改变。同时，我国东部沿海地区的劳动密集型产业向我国中西部以及东南亚等劳动力和资源等更低廉的国家或地区转移。另外，发达国家回归制造业战略，欧美等发达国家实施“再工业化”战略，部分高端制造业出现由国际市场向其本土回流的现象。

7.1.2　我国社会经济发展趋势

1. 经济发展进入“新常态”，增长动力机制发生变化

我国面临着经济社会的重大变局，进入了发展“新常态”，未来将以创新、协调、绿色、开放、共享五大发展理念引领、转变发展方式，向实现“双百年”目标努力。综合国内外主要机构相关预测结论，判断未来经济贸易发展趋势：

经济增长逐步过渡到中速阶段。未来的5～15年我国经济将由过去年均10%左右的高速增长阶段转而进入平均5%～7%的中速增长阶段。预计“十三五”期间，我国经济增长的

速度将进一步放缓，由近年来的7%～8%下降至6%～7%；2020～2030年期间经济潜在增速将下降至5%左右（图7-4）。

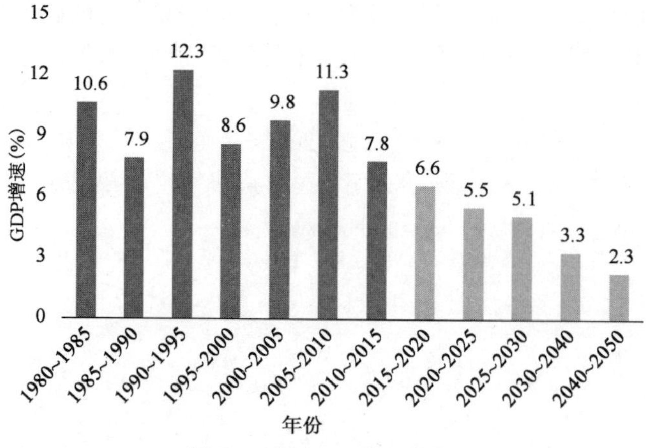

图7-4　我国GDP增长趋势图

2.实现区域经济协调发展，中西部地区经贸发展提速

实施区域发展总体战略，促进区域协调发展，形成区域经济发展新格局，是我国现代化建设面临的一个重大任务。构建区域协同发展机制成为国家重要政策导向。在经济新常态下，我国区域政策更加注重协调发展、协同发展、共同发展，更加强调通过深化改革打破地区封锁和利益藩篱。以“一带一路”、京津冀协同发展、长江经济带三大战略为重点，大范围、跨区域的合作日渐增多，区域融合协作不断深化。各省市日益强调从地理区位和经济活动实际联系出发，强化优势互补、互利合作、共同发展。

新一轮国家区域发展战略具备了一些新特征。首先，发展战略的功能不断增加和细化，发展目标不再限于经济增长，还包括生态友好、社会和谐、城乡协调等多方面。其次，从出台规划的地区分布看，长江经济带、京津冀等中西部地区以及沿海“洼地”成为“崛起”主角，并兼顾其他地区协同发展。第三，未来区域发展将着眼于培植新的区域经济增长极，促使我国经济由“外循环”向“双循环”（对内对外）转变，以保证国民经济的稳定增长；从长远发展看，更是为了促进东、中、西区域协调发展，改变我国区域发展长期失衡带来的消极影响。

3.进一步提升对外开放水平，贸易规模保持中低速增长

我国实行全方位开放发展战略，未来将以更主动的姿态在更高水平上参与经济全球化。我国秉承互利共赢的开放理念、遵循转变发展方式的要求，进一步提升我国在国际产业链中的地位。2013年以来，国家陆续提出以上海自由贸易区为试点的自贸区建设，大力推进“一带一路”建设。一方面要“引进来”，进一步扩大对外开放，推进金融产业的全面开放，更深入地参与国际市场的竞争中。另一方面，通过实现与周边国家陆路、海路互联互通，提升运输服务质量和服务水平，进一步促进我国与其他国家的经贸、文化、人员等全方位的交流与合作。

受全球经济疲软影响，我国贸易中低速增长将可能持续一段时期，“高出口”的局面将难以重现。未来，国内要素成本不断攀升、汇率上升等因素对出口的制约进一步加剧，预计我国出口将保持中低速增长。参考国际经验，日本、韩国处在与我国当前相同发展阶段时期，

也经历类似的出口增速下滑阶段。如日本由20世纪60年代年均15%的增速下降到5%以下；而韩国从30%下滑到10%以下。综合预测“十三五”期间我国的出口需求可能维持在6%～8%的增速；2020～2030年期间出口增速将进一步下降至5%左右（图7-5）。

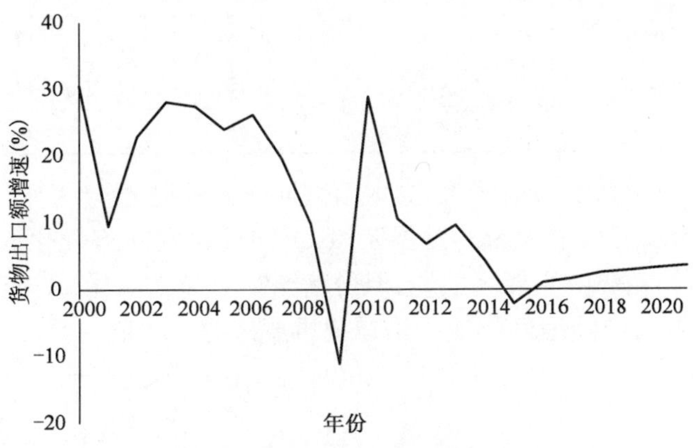

图7-5　我国货物外贸出口额增长趋势图

数据来源：国家统计局；预测数据：IMF。

4. 总体步入工业化中后期，产业结构持续调整

受“住行”消费结构升级以及基础设施大规模建设的影响，目前我国正处于由工业化中级阶段向高级阶段过渡的时期。未来一段时期，我国仍将处于工业化中后期阶段，预计2025年至2030年我国将基本实现工业化，其中部分地区将率先实现工业化。

未来，我国产业结构调整的方向主要包括以下几方面：一是形成工业与服务业“双拉动”的增长格局，以及工业与服务业相互促进、相互支持的发展格局；二是以高新技术创新能力为核心环节，实质性推进经济发展方式转变；三是促进传统产业调整转型升级，进一步提高竞争力；四是从全国范围内谋划经济的合理布局，将推动产业向中西部地区的有序梯度转移作为维护好既有竞争优势的重要手段；五是培育、发展战略性新兴产业，积极发展绿色经济、低碳经济。

7.2　集装箱运输发展趋势

7.2.1　外贸集装箱运输发展格局

1. 集装箱运输需求仍将保持增长，增速放缓

未来，世界经济将延续缓慢复苏态势，全球贸易增速明显回落。我国经济增速换挡，产业结构深入调整，“高出口”局面难以重现。基于国内外发展环境，综合考虑我国重大战略的稳步推进，并参考世界主要经济体工业化与出口的发展路径，预计我国制造业出口仍有发展空间，我国外贸出口额将由中速增长逐步回落至低速。

随着制造业出口增速放缓、产业结构持续优化，预计我国外贸集装箱生成量将保持稳步增长，但增速有所放缓。同时，生成量进出口结构将进一步均衡，进口重箱比重不断提升。预测2020年，我国外贸集装箱生成量为1.27亿TEU，生成系数逐步降至0.21。2030年，外贸箱生成量为1.35亿TEU，生成系数进一步回落至0.16左右（表7-1）。

外贸集装箱生成量预测 表 7-1

年 份	贸易额（亿美元）	适箱货贸易额（亿美元）	生成系数	外贸集装箱生成量（万 TEU）	年均增速
2015 年实际	38685	31266	0.27	10550	—
2020 年预测	52800	43000	0.21	11800	2.3%
2025 年预测	69000	55000	0.18	12700	1.5%
2030 年预测	86000	68000	0.16	13500	1.2%

2. 箱源分布仍将以东部沿海地区为主，中西部地区比重提升

随着国家区域开发、开放进入新的发展阶段，不同板块之间将分化发展。首先，东部沿海仍将作为外贸集装箱箱源的主要生成地，但份额继续下降。预计 2030 年沿海省市占比将回落至 85% 左右。其次，内陆地区将成为增量的重要来源。2010 ~ 2015 年内陆箱源年均增长 9.6%，超过沿海增速（4.4%），未来内陆地区箱源增速将继续快于沿海（图 7-6）。

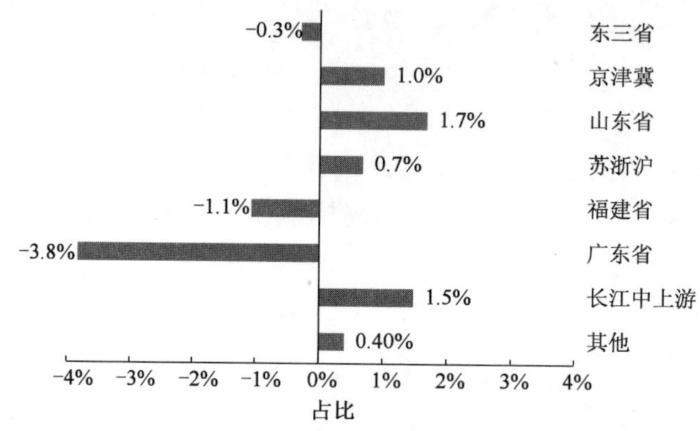

图 7-6 2010 ~ 2015 年我国分区域箱源占比变化情况

沿海区域以京津冀、长三角、珠三角三大城市群为发展重心，箱源分布仍将保持以三大区域为主、其他区域为辅的格局。预计京津冀区域占比将逐步提升，珠三角区域占比下降，长三角区域保持平稳。

内陆箱源分布将以长江经济带为轴线，其他区域依托中心城市分布。目前，内陆地区箱源量居于前五位的重庆、合肥、武汉、成都和长沙都分布在沿江地区；重箱生成量超过 10 万 TEU 的 12 个内陆城市中有 8 个分布在长江沿线。未来随着长江经济带战略的深入推进，长江流域将形成以轴带面的内外贸发展格局，箱源集聚度进一步提升。同时，中西部内陆地区将依托中心城市，呈现点状开放态势。处于重要通道上的内陆中心城市箱源量将较快增长。各类开放式物流节点（保税区、保税港、保税物流中心和自由贸易区等）在沿海布点增多、布局加密的同时，也将不断从沿海地区向内陆以中心城市为主要载体的箱源集聚地拓展（图 7-7）。

由于内陆成为重要的箱源地，联通沿海港口与内陆箱源地之间的集疏运通道日益重要。未来，在长距离具有运输经济性的铁路将在港口集疏运体系中发挥重要作用，逐步形成沿海港口与内陆箱源地之间有序、高效的班列运营网络。基于此，集装箱港口在综合运输网络中的枢纽地位将进一步强化，部分与陆向腹地联系更紧密的港口，在服务内陆箱源市场、拓展

腹地范围方面，将占有优势；部分有条件的港口可开辟大陆桥跨境班列（表7-2）。

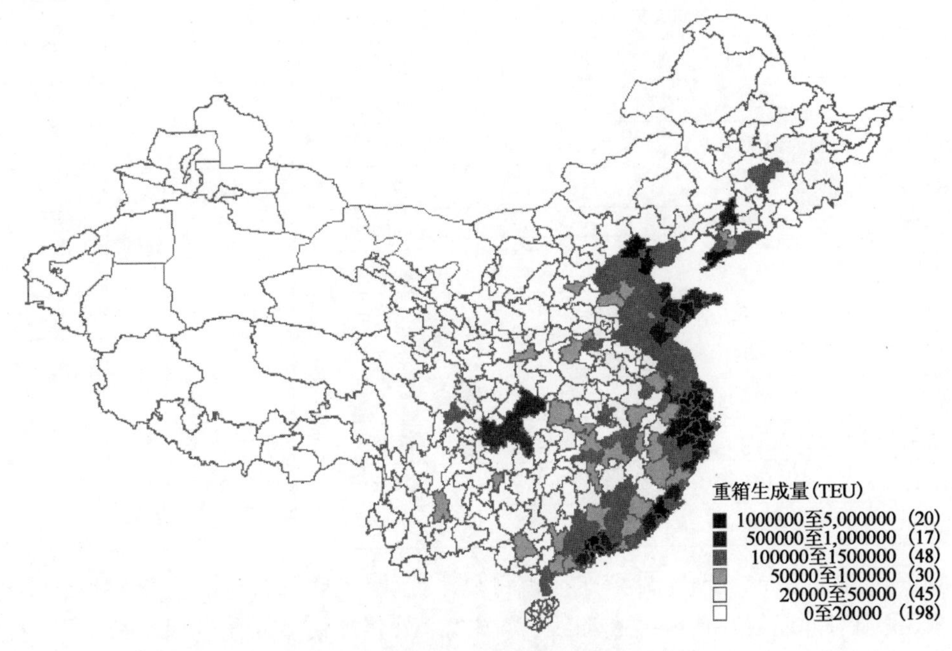

图7-7　我国内陆地区外贸箱源分布

2015年我国部分港口集装箱海铁联运情况　　表7-2

港　口	海铁联运量			海铁联运主要通道
	合计	外贸	内贸	
大连港	34.9	22.7	12.2	哈大线
营口港	43.1	2.5	40.6	哈大线
天津港	30.8	27.8	3.0	津保线等
青岛港	30.2	21.1	9.1	胶济线
连云港港	22.9	22.9	0.0	陇海线
宁波港	17.1	17.1	0.0	萧甬线、甬台温线等
深圳港	17.6	17.6	0.0	广九线

注：内、外贸海铁联运量数据为港口预估。

3. 对外贸易流向格局变化，航线呈多元化发展态势

随着“一带一路”战略的推进，我国与沿线国家及地区贸易增长势头突出。2005年以来，我国出口沿线国家贸易额所占份额由17.6%大幅提升至27.1%。未来，“一带一路”沿线地区将超过欧美等传统市场，成为我国最重要的贸易区域，预计2030年“一带一路”沿线贸易额将达到36%。

非洲、南美、澳大利亚等地区增势明显，份额稳步提升，由5.6%上升至9.9%。预计三者占比将继续提升，到2030年在出口中所占份额将达到15%。

传统贸易伙伴欧、美、日、韩等国家份额由51.0%降至38.8%。未来在我国贸易额中的份额将进一步缩减。预计到2030年，以上四大贸易伙伴出口份额将降至30%左右（表7-3）。

2005～2015 年主要贸易伙伴出口份额变化情况 表 7-3

国家或地区	2005 年		2015 年		占比变化
	出口额	占比	出口额	占比	
“一带一路”	1341	17.6%	6167	27.1%	9.6%
非洲	190	2.5%	1084	4.8%	2.3%
南美	119	1.6%	759	3.3%	1.7%
澳大利亚	111	1.5%	403	1.8%	0.3%
美国	1629	21.4%	4087	18.0%	-3.4%
西欧	1068	14.0%	2353	10.4%	-3.7%
日本	840	11.0%	1357	6.0%	-5.0%
韩国	351	4.6%	1013	4.5%	-0.1%
中国香港	1245	16.3%	3290	14.5%	-1.9%
中国台湾	165	2.2%	448	2.0%	-0.2%
其他	561	7.3%	1753	7.7%	0.4%

相应贸易流向格局的变化，外贸航线也将呈多元化发展，部分港点在新兴航线中地位上升。未来，我国对外航线在传统的欧洲线、美国线之外将加快多元化进程。2015 年首三位航线为欧洲、美国和东亚航线（日韩为主），占国际航线总量的 51.2%。预计到 2030 年，首三位航线分别为美国、欧洲和东南亚航线，占比 47.6%，其余中东、非洲、南美洲、澳洲、印度等中远洋航线预计将达到 300 万～1000 万 TEU。

4. 船舶大型化发展趋缓，船公司在东亚多点挂靠模式基本稳定

2005 年以来，集装箱船舶大型化快速推进。全球集装箱船舶平均单船载箱量由 2000 年 1701TEU 快速上升至 2013 年 3179TEU。大型化体现出如下特点和规律：①突破性的大型船舶率先投放在需求充足、运输经济性强的特定航线（亚欧航线），投放的时机与相关区域经济发展阶段密切相关；②特定航线上的航道、港口条件等限制是船型持续大型化的制约因素；③当特定航线上需求规模相对稳定后，综合该航线的运距、各种限制性因素，船型将在一定时期内趋于稳定。

目前，全球不同航线上运营的集装箱船型差异较大。①远东-欧洲线使用船型较大。大部分采用 10000TEU 以上船舶。②远东-北美航线以 4000～10000TEU 船型运用最为广泛。③非洲、南美、大洋洲等航线均以 10000TEU 以下船型为主。全球主要航线集装箱船型如表 7-4 所示。

2015 年全球主要远洋航线上的主力船型现状情况表（单位：艘数） 表 7-4

航　　线	100～1000 TEU	1000～2000 TEU	2000～3000 TEU	3000～4000 TEU	4000～5100 TEU	5100～7500 TEU	7500～10000 TEU	10000～13300 TEU	13300～20000 TEU
欧洲-北美	0	6	16	9	89	32	5	0	0
远东-北美	0	1	12	6	254	92	158	45	1
远东-欧洲	0	0	0	0	15	16	45	110	138
北美-中东	38	135	50	26	71	195	94	11	1

续上表

航　线	100 ~ 1000 TEU	1000 ~ 2000 TEU	2000 ~ 3000 TEU	3000 ~ 4000 TEU	4000 ~ 5100 TEU	5100 ~ 7500 TEU	7500 ~ 10000 TEU	10000 ~ 13300 TEU	13300 ~ 20000 TEU
非洲相关	34	69	115	76	77	19	32	4	0
南美相关	58	130	131	43	59	88	80	16	0
大洋洲相关	20	34	19	27	82	27	1	0	0

未来,集装箱船舶大型化主要面临经济、技术两方面限制因素。首先,亚欧航线市场需求在短期内难以支撑进一步大型化,其他新兴航线(东盟、南美、非洲以及北极航线等)从需求量级和经济运距上也尚不足以满足大型集装箱船舶的规模化运营。其次,从主要航道和港口装卸、集疏运效率等方面也存在制约。综合判断船型发展至 2.4 万 TEU 船舶在技术上可以达到,但预计未来 10 年内不会成为主流船型;更大型船舶(如 3 万 TEU)具有较大不确定性。

根据运输经济性测算结果,在东亚地区,“钟摆式”多点挂靠优于“轴辐式”运输模式。未来,在船型发展有限的情况下,考虑班轮公司的运营趋势以及竞争策略,预计船公司将继续维持现有运输组织模式,更高层级枢纽港形成的可能性较小。

7.2.2　内贸集装箱运输格局

1. 内贸集装箱运输需求将保持较快增长

首先,国内贸易尚具有广阔发展空间。近年来,我国经济发展更加重视经济效益和增长质量,并加快转变经济发展方式,推进供给侧改革、拉动扩大内需。未来,国内需求将稳步提升,带动内贸物资运输增长。同时,我国居民消费支出将大幅提升。目前我国居民消费支出占 GDP 比重不到 40%,美国超过了 70%,世界平均水平为 62%,说明我国在促消费方面仍有较大提升空间。

其次,内贸集装箱生成量的发展动力将由以“散改集”为主导因素逐步转变为“散改集”“陆改水”等多个因素共同推动。随着综合运输体系的完善,多式联运发展加快,同时受到公路运输成本上升等影响,原跨区域公路货运(尤其是远距离运输)将越来越多被内贸水路运输代替,成为内贸集装箱运输发展的新的重要动力。

综合判断,我国内贸集装箱生成量保持平稳较快增长,预计 2020 年将达到 2600 万 TEU;中远期 2030 年预计达到 3600 万 TEU。

2. 运输格局进一步优化,“干-支”网络与分散化发展并行

近年来,随着沿海沿江区域经济的快速发展以及集装箱运输在内贸物资运输中的推广,内贸集装箱网络覆盖范围和航线密度明显提高,区域间集装箱交流量稳步增长,南北干线直达运输不断强化的同时,挂靠和中转运输业务量也较快增长。未来,我国沿海内贸集装箱运输将形成以一纵(南北沿海)两横(长江和珠江)为主骨架,沟通南北、连接东西的水上集装箱货运通道。

内贸集装箱水路运输市场化程度高,影响因素复杂,沿海港口发展内贸集装箱运输的门槛也相对较低。根据内贸集装箱运输的发展规律和特点,预计随着内贸集装箱的进一步发展,我国沿海内贸集装箱港口将呈现南北干线重要节点集聚、江海及水网地区形成“干-支”

体系、其他港口分散化发展并行的格局。

7.3 港口集装箱吞吐量预测

1. 我国港口集装箱吞吐量规模预测

本研究在对外贸规模与贸易结构、运输组织与格局、港口资源容量和港城关系等因素进行分析的基础上，采用定量和定性相结合的方法对我国沿海集装箱港口外贸集装箱吞吐量进行预测。

(1)近期、中期预测

近期，外贸箱生成量小幅增长，干-支体系进一步完善，国际中转继续保持较快增幅。在此背景下，预计外贸箱吞吐量将保持平稳增长，增速较“十二五”进一步放缓。中期，随着工业化进程的加速，预计外贸箱生成量将延续“高基数、低增速”的发展态势，外贸集装箱吞吐量增速继续回落。

未来，产成品国内贸易、“散改集”运输、南北运输“陆改水”仍是内贸集装箱吞吐量保持增长的动因，另外，多式联运发展也将成为促进内贸集装箱水路运量增长的重要因素之一。预计内贸集装箱吞吐量将保持平稳较快增长，增速快于外贸。

预测 2020 年外贸集装箱吞吐量将达到 1.45 亿 TEU；内贸集装箱吞吐量达 9470 万 TEU。综上，预计 2020 年我国沿海港口集装箱吞吐量将达 2.40 亿 TEU。

(2)远期预测

远期，全球及我国经济贸易发展具有较大不确定性，基于对此次经济周期的研判，综合考量目前国内外经济基本面，我们认为，全球经贸复苏态势仍然较为缓慢，我国经济、贸易增长保持中低速增长，产业结构调整稳步推进。根据分析，2030 年我国沿海集装箱港口吞吐量将达到 3.0 亿 TEU。

我国沿海港口近中期、远期集装箱吞吐量预测见表 7-5。

我国沿海港口集装箱吞吐量预测(单位：万 TEU)　　表 7-5

年份	2015 年实际	2020 年预测	2030 年预测
集装箱生成量	12910	14400	17100
外贸生成量	10550	11800	13500
内贸生成量	2360	2600	3600
集装箱吞吐量	19878	24000	30000
外贸吞吐量	12435	14530	17560
国际航线	10582	12210	14480
内贸吞吐量	7443	9470	12440

2. 集装箱运输发展趋势(图 7-8)

(1)生成量增幅小于吞吐量

我国港口“干-支”体系将不断完善，国际中转运输较快增长，我国外贸集装箱生成量将持续小于吞吐量增长幅度。

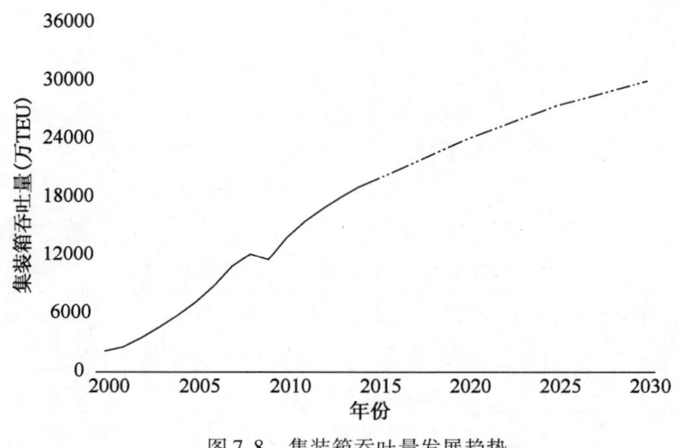

图7-8 集装箱吞吐量发展趋势

(2)集装箱吞吐量增速回落

随着我国经济贸易增幅回落,集装箱吞吐量增速也将放缓。同时,由于目前我国集装箱吞吐量已达到较大基数,因此箱量规模仍然有较大的增长空间。

(3)内贸吞吐量增长仍将快于外贸,二者增幅差距将有所收窄

内贸集装箱运输仍将保持快于外贸的增长速度,在沿海港口集装箱吞吐量中所占比重进一步提升;但同时内贸集装箱运输也将由快速成长期逐步过渡至稳步发展期,二者增幅差距将收窄。

(4)港口集中度进一步下降

未来,港口集中度总体来看将有所下降。一方面,国际航线仍将保持以八大干线港为主的较高的集中度;另一方面,内支线和内贸航线集装箱的发展将呈现分散化发展,带动干线港以外港口吞吐量的增长。

附　录

1980 年以来全球集装箱海运量发展情况　　附表 1

年　份	集装箱吞吐量 ($\times 10^6$TEU)	集装箱海运量 ($\times 10^6$TEU)	集装箱海运量 ($\times 10^6$t)	全球总海运量 ($\times 10^6$t)	集装箱占比 (%)
	(1)	(2)	(3)	(4)	(3)/(4)
1980	37.2	13.5	98.6	3704.0	2.7
1981	40.9	14.8	109.7	3590.8	3.1
1982	42.8	15.3	114.4	3335.0	3.4
1983	45.6	16.2	122.9	3253.9	3.8
1984	53.3	18.6	142.8	3416.3	4.2
1985	57.2	19.8	154.5	3621.2	4.3
1986	62.1	21.2	167.2	3627.1	4.6
1987	68.3	23.2	185.4	3627.7	5.1
1988	75.4	25.3	204.0	3783.5	5.4
1989	82.0	27.4	223.7	4030.6	5.5
1990	87.3	28.7	237.4	4231.6	5.6
1991	95.8	30.9	258.9	4343.1	6.0
1992	105.2	33.3	282.5	4527.0	6.2
1993	115.3	36.2	311.2	4629.8	6.7
1994	128.6	39.7	344.9	4824.3	7.1
1995	141.0	42.7	375.9	5050.1	7.4
1996	155.3	46.7	416.1	5283.9	7.9
1997	168.7	50.8	454.0	5583.7	8.1
1998	182.7	54.1	486.6	5678.1	8.6
1999	205.2	59.9	541.7	5693.8	9.5
2000	229.3	66.8	606.8	6113.9	9.9
2001	242.1	68.8	628.1	6153.6	10.2
2002	275.9	75.7	692.0	6325.2	10.9
2003	307.5	84.1	801.4	6687.1	12.0
2004	350.8	95.2	910.7	7132.4	12.8
2005	392.4	105.1	1001.3	7455.7	13.4
2006	435.1	116.9	1091.2	7814.2	14.0

续上表

年　份	集装箱吞吐量（$\times 10^6$TEU）	集装箱海运量（$\times 10^6$TEU）	集装箱海运量（$\times 10^6$t）	全球总海运量（$\times 10^6$t）	集装箱占比（%）
	(1)	(2)	(3)	(4)	(3)/(4)
2007	495.1	129.5	1215.4	8159.3	14.9
2008	521.3	134.7	1270.9	8364.4	15.2
2009	477.1	122.4	1133.1	8045.3	14.1
2010	545.3	139.3	1291.1	8802.3	14.7
2011	573.0	149.3	1404.4	9199.1	15.3
2012	597.5	153.7	1453.5	9589.4	15.2
2013	618.9	161.3	1531.5	9917.9	15.4

数据来源：Clarkson，1981～1989 年和 1991～1995 年全球集装箱海运量为作者估算数。

1980 年以来全球集装箱海运量发展指数（以 1980 年指数为 100）　　附表 2

年　份	全球总产出	全球总出口	全球总海运量	集装箱海运量
1980	100	100	100	100
1981	102	104	97	111
1982	102	104	90	116
1983	105	108	88	125
1984	110	117	92	145
1985	114	122	98	157
1986	118	125	98	170
1987	122	133	98	188
1988	127	143	102	207
1989	132	154	109	227
1990	136	163	114	241
1991	138	169	117	263
1992	140	175	122	286
1993	142	182	125	316
1994	147	200	130	350
1995	151	218	136	381
1996	156	232	143	422
1997	162	255	151	460
1998	166	267	153	493
1999	171	282	154	549
2000	179	316	165	615
2001	182	319	166	637
2002	186	332	171	702

续上表

年　份	全球总产出	全球总出口	全球总海运量	集装箱海运量
2003	191	348	181	813
2004	199	386	193	924
2005	206	416	201	1015
2006	214	456	211	1107
2007	223	489	220	1233
2008	226	502	226	1289
2009	221	448	217	1149
2010	230	507	238	1309
2011	236	538	248	1424
2012	242	552	259	1474
2013			268	1553

注:全球总出口包括商品和服务贸易,按可比价计算;集装箱海运量系指按货物重量计算的集装箱海运量。

数据来源:世界银行,Clarkson。

1980 年以来全球主要区域集装箱吞吐量发展情况　　附表 3

年　份	集装箱吞吐量(百万 TEU)				
	北美	欧洲	亚洲	其他	合计
1980	9.3	11.7	10.3	5.9	37.2
1981	9.2	12.9	11.7	7.1	40.9
1982	9.5	13.4	12.3	7.6	42.8
1983	10.4	14.2	14.1	6.9	45.6
1984	11.9	16.2	16.7	8.5	53.3
1985	12.6	16.6	18.4	9.6	57.2
1986	13.5	17.1	21.4	10.1	62.1
1987	14.5	18.6	23.8	11.4	68.3
1988	15.4	20.3	28.0	11.7	75.4
1989	16.1	21.4	31.7	12.8	82.0
1990	16.8	22.5	34.9	13.1	87.3
1991	17.1	23.6	39.9	15.2	95.8
1992	18.2	25.0	44.9	17.1	105.2
1993	18.9	26.5	50.5	19.4	115.3
1994	20.7	28.9	57.6	21.4	128.6
1995	22.2	30.9	64.3	23.6	141.0
1996	23.8	34.2	68.0	29.3	155.3
1997	24.0	38.8	73.3	32.7	168.7
1998	24.3	43.8	80.5	34.0	182.7

续上表

年　份	集装箱吞吐量(百万 TEU)				
	北美	欧洲	亚洲	其他	合计
1999	27.9	45.6	92.8	38.9	205.2
2000	31.2	50.4	106.5	41.2	229.3
2001	30.2	52.6	116.2	43.1	242.1
2002	33.0	58.0	138.2	46.7	275.9
2003	36.3	62.5	152.8	55.9	307.5
2004	38.8	72.8	175.9	63.3	350.8
2005	42.7	77.2	196.9	75.7	392.4
2006	45.2	82.6	222.1	85.2	435.1
2007	49.3	95.1	256.7	94.0	495.1
2008	47.1	95.9	274.1	104.1	521.3
2009	41.5	83.4	252.9	99.3	477.1
2010	47.2	93.6	293.9	110.7	545.3
2011	47.9	99.6	313.5	112.0	573.0
2012	49.0	100.9	329.8	117.9	597.5
2013	50.0	101.8	345.6	121.5	618.9

数据来源:Clarkson。

1978 年以来我国港口集装箱吞吐量发展情况　　附表 4

单位:万 TEU

年　份	港口合计	规划口径		统计口径	
		沿海	内河	沿海	内河
1978	2	2		2	
1979	3	3		3	
1980	6	6		6	
1981	10	10		10	
1982	14	14		14	
1983	20	20		19	1
1984	29	29		28	1
1985	50	50		47	3
1986	63	63	0	59	4
1987	70	69	1	64	6
1988	96	96	0	90	6
1989	118	117	1	109	9
1990	143	141	1	131	12
1991	205	203	2	190	15
1992	260	257	2	240	19

续上表

年　份	港口合计	规划口径		统计口径	
		沿海	内河	沿海	内河
1993	335	332	3	307	28
1994	437	431	6	401	36
1995	609	588	21	552	57
1996	771	754	17	716	56
1997	984	952	31	914	70
1998	1244	1180	64	1141	102
1999	1733	1609	124	1560	173
2000	2263	2130	133	2061	202
2001	2669	2547	122	2470	199
2002	3618	3481	137	3382	236
2003	4736	4580	156	4455	281
2004	6019	5818	201	5657	363
2005	7443	7193	250	6989	454
2006	9199	8861	338	8563	636
2007	11258	10873	385	10450	809
2008	12574	12157	417	11609	964
2009	12208	11559	649	10991	1217
2010	14571	13850	720	13112	1459
2011	16328	15523	805	14603	1725
2012	17690	16840	850	15752	1938
2013	18942	18000	942	16901	2040
2014	20131	19060	1072	18084	2048

注：根据国务院批复的《全国沿海港口布局规划》，沿海港口的范围为现有统计中的全部沿海港口和长江南京以下沿江港口两部分。

数据来源：集装箱化杂志、交通运输部。

1990 年以来外贸集装箱总需求和集装箱化水平变化情况 附表 5

年　份	外贸集装箱总需求（万 t）	外贸集装箱化水平（TEU/t）	外贸集装箱总需求指数（以 1990 年为 100）	外贸集装箱化水平指数（以 1990 年为 100）
1990	5868	0.049	100	100
1991	5874	0.062	100	128
1992	6057	0.073	103	149
1993	6797	0.086	116	177
1994	9021	0.085	154	174
1995	10650	0.096	182	198

续上表

年　份	外贸集装箱总需求（万 t）	外贸集装箱化水平（TEU/t）	外贸集装箱总需求指数（以1990年为100）	外贸集装箱化水平指数（以1990年为100）
1996	11273	0.111	192	227
1997	11959	0.118	204	242
1998	13134	0.125	224	257
1999	15065	0.127	257	261
2000	18094	0.135	308	277
2001	20899	0.130	356	266
2002	24773	0.139	422	285
2003	29062	0.146	495	300
2004	34491	0.150	588	307
2005	40428	0.150	689	308
2006	47724	0.149	813	306
2007	54950	0.151	936	310
2008	58271	0.150	993	307
2009	57965	0.138	988	284
2010	67396	0.142	1149	291
2011	75868	0.133	1293	273
2012	80237	0.128	1367	264
2013	84555	0.125	1441	258
2014	91766	0.121	1564	249

2015～2016 年世界港口集装箱吞吐量排名　　附表 6

2015 年			2016 年		
排名	港口	吞吐量	排名	港口	吞吐量
1	上海港	3654	1	上海港	3713
2	新加坡港	3090	2	新加坡港	3090
3	深圳港	2420	3	深圳港	2398
4	宁波-舟山港	2063	4	宁波-舟山港	2156
5	香港港	2010	5	香港港	1981
6	釜山港	1943	6	釜山港	1946
7	青岛港	1744	7	广州港	1866
8	广州港	1740	8	青岛港	1805
9	迪拜港	1559	9	迪拜港	1477
10	天津港	1411	10	天津港	1452

2015～2016 年分区域集装箱吞吐量 附表 7

区　域	2015 年	2016 年	同比增速
合计	19878	20601	3.6%
辽宁沿海	1802	1841	2.2%
津冀沿海	1664	1757	5.6%
山东沿海	2340	2438	4.2%
长三角	7499	7686	2.5%
东南沿海	1364	1440	5.6%
珠三角	4855	5022	3.4%
西南沿海	356	417	17.2%

2015～2016 年八大干线港集装箱吞吐量 附表 8

港　口	2015 年	2016 年	同比增速
大连港	945	958	1.4%
天津港	1411	1452	2.9%
青岛港	1744	1805	3.5%
上海港	3654	3713	1.6%
宁波-舟山港	2063	2156	4.5%
厦门港	918	961	4.7%
深圳港	2420	2398	-0.9%
广州港	1740	1866	7.3%

参 考 文 献

[1] Levinson M. The Box：How the Shipping Container Made the World Smaller and the World Economy Bigger[M]. Princeton：Princeton University Press,2006：1-15.

[2] 高明波. 集装箱物流运输[M]. 北京：对外经济贸易大学出版社,2008：2-5.

[3] ISBU (Intermodal Steel Building Units Association). All About Shipping Containers [OL]. http://www. isbu-info. org/all_about_shipping_containers. html. 2014-9-30.

[4] Liu Dinming. Malcom McLean—the Father of Containerization [J]. 集装箱化,2001(7)：4-6.

[5] Cudahy B. J. The Containership Revolution：Malcom McLean's Innovation Goes Global [J]. TR News,2006(9-10)：5-9.

[6] 陈心德,姚红光,李程. 集装箱运输与国际多式联运管理[M]. 北京：清华大学出版社,2008：2-20.

[7] Clarkson. Shipping Intelligence Network 2010 [DB]. http://www. clarksons. net/sin2010/ts/ Default. aspx. 2014-9-30.

[8] Alderton P. M. Sea Transport：Operation and Economics[M]. Surrey：Thomas Reed Publications,1995：34-39.

[9] Bernhofen D. M. ,El-sahli Z. , Kneller R. Estimating the Effects of the Container Revolution on World Trade [R]. UK：The University of Nottingham,2013.

[10] World Bank. World Development Indicators [DB]. http://databank. worldbank. org/data/views/variableselection/selectvariables. aspx? source = world-development-indicators. 2014-10-20.

[11] 冯云,徐力,等. 全国沿海集装箱运输系统布局规划[R]. 北京：交通部规划研究院,2004：20-21.

[12] 冯云,王显锋,等. 深圳港集装箱运输系统规划研究[R]. 北京：交通运输部规划研究院,2012：164-172.

[13] UNCTAD. Review of Maritime transport 2014 [R]. New York & Geneva：United Nations,2014.

[14] Port of Rotterdam Authority. Port Statistics 2010-2011-2012[R]. Rotterdam：Port of Rotterdam Authority.

[15] 傅希贵,王晓梅. 中国海上集装箱运输大事记[J]. 集装箱化,1998(10)：23-27.

[16] 交通运输部. 大陆第一条国际集装箱航线的开通[Z]. http://www. moc. gov. cn/zhuantizhuanlan/shuilujiaotong/zhongguodalu_GKTP1YT/index. html. 2014-12-20.

[17] 交通运输部. 我国大陆港口集装箱发展情况[Z]. http://www. moc. gov. cn/

zhuantizhuanlan/shuilujiaotong/zhongguodalu_GKTP1YT/index. html. 2014-12-20.
[18] 沈益华,任静,等. 沿海港口内贸集装箱发展布局规划[R]. 北京：交通部规划研究院,2001：8-21.
[19] 徐杏,王显锋. 我国水路集装箱运输发展研究[R]. 北京：交通运输部规划研究院,2012：36-45.
[20] 冯云,徐力,等. 集装箱生成量和港口吞吐量发展研究[R]. 北京：交通部规划研究院,2006：8-21.
[21] 高原,石应同,徐力,等. 全国沿海港口国际集装箱运输系统规划[R]. 北京：交通部水运规划设计院,1995：24-35.
[22] 朱坤萍,张佳红,等. 美国港口集装箱发展特点分析[J]. 特区经济,2012(6)：79-81.
[23] 杨静蕾,罗梅丰,等. 美国集装箱港口体系演进过程研究[J]. 经济地理,2012(2)：94-100.
[24] 彭传圣. 美国港口集装箱发展特点分析[J]. 综合运输,2007(6)：74-77.
[25] 真虹. 从中美两国外贸与港口集装箱吞吐量比较中反思我国港口物流发展[J]. 水运管理,2005(8)：79-81.
[26] 张荣忠. 日本政府实施国际战略集装箱枢纽港方案[J]. 中国港口,2012(12)：21-24.
[27] 马瑜. 谈日本港口经济的发展模式[J]. 现代商业,2016(3)：173-174.
[28] 张丽. 伦敦发展国际航运中心的经验及启示[J]. 港口经济,2008(9)：54-56.
[29] 宗建亮. 英国对外贸易现状与中英贸易分析[J]. 贵州社会科学,2007(2)：139-142.
[30] 李幼萌. 英国集装箱港口发展动态[J]. 集装箱化,2005(10)：20-21.
[31] 张宏波,纪永波. 英国沿海港口的发展与启示[J]. 港口经济,2008(1)：58-59.
[32] 朱小檬,栾维新,朱义胜. 中美日三国海港集装箱吞吐量增长规律研究[J]. 大连海事大学学报(社会科学版),2016,15(3)：1-6.

索　　引